国际电气工程先进技术译丛

能源服务网络中的分布式能源模拟

[英] 萨尔瓦多·阿查（Salvador Acha）著
赵英汝 等译

机械工业出版社

本书介绍了一种对含嵌入式技术的能源服务网络进行集成稳态优化的建模框架。书中开发的新模型称为时间协调最优潮流（TCOPF）模型，此模型可通过一系列必要步骤计算天然气和电力网络的最优能流，同时计算插电式混合动力汽车（PHEV）和热电联产（CHP）装置的最优调度。因此，TCOPF 工具可以管理及协调配电网运营商和分布式能源之间的相互关系。

书中对分布式能源系统应当遵循的优化调度模式进行了描述，这种模式有望改善城市能源服务网络的性能。集成建模为希望有效协调分布式能源运行与能源公用事业运营策略的利益相关方提供了一个新的视角。最终，本书结合用于模拟 PHEV 行驶状况的基于 agent 的模型对 TCOPF 模型框架进行了扩展，以便更好地评估 PHEV 所代表的负载灵活性。

综上，为开发由多种能源基础设施与嵌入式分布式能源集成的综合模型，本书涵盖了电力系统工程师所需要关注的各类关键元素。

译 者 序

城市能源系统是一个能源资源开发、加工、转化、输送、消费等多个环节相互交织在一起的复杂网络系统，系统中各环节之间的互动关系导致大量不确定性的存在。这些复杂性和不确定性对能源资源供应、电力消费结构、甚至电力部门决策者将做出的相关决策方案有潜在影响，加剧了电力供应的不安全性。

本书作者 Salvador Acha 是英国帝国理工学院 BP 城市能源系统项目的主要研究人员之一。书中内容是该项目一部分科研成果的总结。本书侧重于利用嵌入式技术对城市能源系统的两个关键基础设施进行建模。这两个关键基础设施是天然气和电力网络，而嵌入式技术包括热电联产和电动汽车装置。书中开发的新模型称为时间协调最优潮流（TCOPF）模型，此模型可通过一系列必要步骤计算天然气和电力网络的最优能流，同时计算插电式混合动力汽车（PHEV）和热电联产（CHP）装置的最优调度。因此，TCOPF 工具可以管理并协调配电网运营商和分布式能源之间的相互关系。

书中对分布式能源系统应当遵循的优化调度模式进行了描述，这种模式有望改善城市能源服务网络的性能。集成建模为希望有效协调分布式能源运行与能源公用事业运营策略的利益相关方提供了一个新的视角。最终，本书结合用于模拟 PHEV 行驶状况的基于 agent 的模型对 TCOPF 模型框架进行了扩展，以便更好地评估 PHEV 所代表的负载灵活性。

本书涵盖了能源系统模拟的基本原理与核心方法，为未来能源系统的设计和运行提供了有价值的参考。

本书主要由赵英汝翻译，其他参加翻译的人员有张尧立、张诗琪、詹翔燕、景锐、刘浩仑、郑徐跃。本书内容所涵盖的领域较宽，加之时间仓促，虽然经过译者仔细求证，但恐仍难免出现翻译不当甚至错误之处，恳请广大读者批评指正。

译者

原 书 序

本书是伦敦帝国理工学院 BP 城市能源系统项目的科研成果之一。于 2005 年底启动的这个项目推动了帝国理工学院能源未来实验室的创建，该实验室是整个学院能源研究的集汇地。设立这个项目的主要目的是应用多学科、系统性的方法来确定在城市能源系统的设计和运行中采用系统集成方法的潜在好处，同时确认节能和减缓气候变化的策略，由此探索可持续能源解决方案以应对全球城市化的加速。

该项目的重点是建模和优化方法的应用，此类方法已成功用于过程工程、电路设计和生物系统等城市能源系统的新兴领域。项目的主要挑战之一来源于城市能源系统通用建模框架的开发以及设计和运行问题。

该项目有一个前提假设，即尽管单个的城市能源系统可能已经得到了优化，对于不同资源系统和城市总能量消耗的集成建模工作尚未开展。如上所述，此类系统层面的优化已经在其他领域得到了应用，并且为炼油厂之类的系统提高了几十个百分点的效率。在过去的几十年中，计算机硬件和软件的迅速发展也为本项目的开展提供了强有力的支持。

这本书呈现了项目研发过程中非常有趣和创新的一部分研究成果，即围绕包括需求中心、插电式混合动力汽车、热电联产和能源服务（燃气和电力）网络在内的混合城市能源系统的运行优化开发出的复杂工具。书中对这一工具的开发过程进行了详述，通过文字描述了同时考虑能源系统的多个方面如何带来收益，并展示了如何将该工具与采用新技术后引发的对未来需求模式的前瞻性仿真相结合。总而言之，本书代表了向智能、高效的未来城市能源系统过渡的一个重要里程碑，可以为工程师解决复杂的跨学科能源问题提供启发和思路。

Nilay Shah

帝国理工学院

原书前言

我们生存的这个世界，资源有限且整个能源供应链效率低下。从获得一次燃料到为数百万消费者提供电力，提高复杂能源系统的性能是一项艰巨任务。对于有意进入这一研究领域的能源研究人员而言，常常缺乏用来模拟此类多层面问题的软件工具，因此需要开发整体的模拟框架来捕捉复杂能源系统所表现出的关键特性。伦敦帝国理工学院近期开展的一系列跨学科研究，正是试图解决多能源网络与有助于提升城市区域内能源基础设施性能的先进技术相互影响所产生的问题。

电力系统工程师通常声称建设智能电网系统是为了改革电力输送方式，然而他们忽略了一点，那就是相互依存的基础设施可以使智能电网更加智能。

本书的撰写正是基于这样一种假设，即随着新技术的引进，公用设施现行的管理方法可能会导致其效率更加低下。这是因为即将部署的分布式能源（DER）必将使公用设施的资本运行更具成本效益，所以必须对基础设施进行多重分析以确保其关键服务不被中断。这一特性引发我们的思考，例如，燃气驱动热电联产技术的高度普及是否会对燃气网络带来不利的影响？此类问题便是本书讨论的核心。

显而易见，为了确保所需的系统性能得以全部实现，需要进行整体性的分析。因此，填补基础设施相互依存关系领域现有的研究空白是一项值得尝试的工作，可为未来能源系统的设计和运行提供有价值的指导意见。

本书介绍了一种在嵌入式技术存在的情况下对能源服务网络进行集成稳态优化的建模框架。文中开发的新模型称为时间协调最优潮流（TCOPF）模型，此模型可通过一系列必要步骤计算天然气和电力网络的最优能流，同时计算插电式混合动力汽车（PHEV）和热电联产（CHP）装置的最优调度。因此，TCOPF 工具可以管理配电网运营商和分布式能源之间的相互关系。

书中对分布式能源系统应当遵循的优化调度模式进行了描述，这种模式有望改善城市能源服务网络的性能。集成建模为希望有效协调分布式能源运行与能源公用事业运营策略的利益相关方提供了一个新的视角。最终，本书结合用于模拟 PHEV 行驶状况的基于 agent 的模型对 TCOPF 模型框架进行了扩展，以便更好地评估 PHEV 所代表的负载灵活性。

综上，为开发由多种能源基础设施与嵌入式分布式能源集成的综合模型，本书涵盖了电力系统工程师所需要关注的各类关键元素。全书的架构如下：

第 1 章：简述进行这项工作的背景和动机。重点阐述全世界范围内不断增长的能源需求，以及为什么城市中心是能源消耗的聚集地，强调以最优方式使用资源对于城市的重要性。

第 2 章：对涉及本研究主题的相关文献进行综述，包括有关能源基础设施与嵌入式技术集成分析的建模方法等。此外，概述前人针对天然气和电力联合网络所进行的分析工作。

第 3 章：从电力和天然气网络建模的数学原理出发，围绕针对这两类基础设施的建模，详细介绍采用牛顿－拉夫逊法的稳态潮流分析，并比较两类系统的相似性。

第 4 章：扩展第 3 章所搭建的模型框架，引入控制装置和嵌入式技术，控制机理包含天然气系统中的压缩机以及电力系统中的有载分接开关（OLTC）。介绍能量转换与存储技术涉及的概念和公式，并对含热存储的热电联产机组以及含电化学存储的 PHEV 装置进行分析。

第 5 章：以第 3 章和第 4 章中建立的模型框架为基础，使用 TCOPF 进行能源服务网络的集成优化能流分析。提出多周期 TCOPF 问题的普适数学表述，由此对目标函数和约束条件的基本特性进行讨论。

第 6 章：通过 TCOPF 程序对不同运行策略下的案例情景进行分析，说明分布式能源如何影响天然气和电力网络的技术－经济性运行参数，并对仿真所得数据进行详细的分析。特别关注控制、转换和存储装置之间的协调，探索适合未来能源服务网络的运行模式。由此为利益相关者提供关于分布式能源理想化管理的指导意见。

第 7 章：说明如何通过基于 agent 的模型，将其输出数据连接到 TCOPF 建模框架以完成车辆行驶的分析。这种方式下，PHEV 负载的时间和空间特征可用于潮流问题分析。通过案例研究展示了结果的粒度。

第 8 章：讨论本文的贡献，得出结论，同时探讨该领域未来的不同研究方向。

以上章节纲要涵盖了能源模拟的核心基本原理，可供能源研究者参考以制定自己的模拟框架。可以明确的是，在这一研究领域，灵活性是至关重要的，而若每个系统的原理都能得到适当地表述，综合分析也是可以实现的。不过，我认为一些模型假设似乎有些宽泛，尽管如此，我相信本书已经实现了它的价值，也希望能源领域的研究人员能在此基础上做出更多的贡献。

任何一本书都不可以凭一己之力完成，本书也不例外。因此，特别感谢 IET 出版社对本书原稿所做的贡献。此外，还要感谢所有同事、家人和过去几年对我的研究有积极影响的朋友们，是你们造就了这本书。

Salvador Acha
帝国理工学院

缩 略 语 表

英文缩略语	英文全称	中文解释
ABM	Agent - based models	基于 agent 的模型
AC	Alternate current	交流
ATR	Ancillary - to - transport ratio	辅助运输率
BEV	Battery electric vehicle	纯电动汽车
BMS	Building management system	建筑管理系统
CCS	Carbon capture and sequestration	碳捕获与封存
CHP	Combined heat and power	热电联产
CO_2	Carbon dioxide	二氧化碳
CPP	Critical peak pricing	尖峰电价
CVP - SS	Control vector parametrisation steady - state	稳态控制向量参数化
DC	Direct current	直流
DER	Distributed energy resource	分布式能源
DMS	Demand management system	需求管理系统
DNO	Distribution network operator	配电网运营商
DSM	Demand side management	需求侧管理
EHR	Electricity - to - heat ratio	电热比
EUF	Energyutilization factor	能量利用率
EV	Electric vehicle	电动汽车
EVLF	Electric vehicle load flexibility	电动汽车负载灵活性
FACTS	Flexible AC Transmission Systems	柔性交流输电系统
g	Gravity	重力
G2V	Grid - to - vehicle	电网到车辆
GHV	Gross heating value	总热值
GIS	Geographical Information System	地理信息系统
GPS	Global positioning system	全球定位系统
GW	Gigawatt	兆瓦

（续）

英文缩略语	英文全称	中文解释
h	hour	小时
HEV	Hybrid electric vehicle	混合动力汽车
hl_f	Head loss	水头损失
ICE	Internal combustion engine	内燃机
IT	Information technology	信息技术
KCL	Kirchhoff's Current Law	基尔霍夫电流定律
KKT	Karush, Kuhn, Tucker	卡罗需－库恩－塔克
km	kilometre	千米
kV	kilovolt	千伏
kW	kilowatt	千瓦
kW_{el}	kilowatt－electricity	千瓦电力
kWh	kilowatt－hour	千瓦时
kW_{th}	kilowatt－thermal	千瓦热
LDZ	Local distribution zones	当地分销商
LMC	Locational marginal costs	边际成本
Micro－CHP	Micro－combined heat and power	微型热电联产
MDMS	Meter data management system	量测数据管理系统
MVA	Megavolt－ampere	兆伏－安
MW	Megawatt	兆瓦
MW_{el}	Megawatt－electricity	兆瓦电力
MWh	Megawatt－hour	兆瓦时
MW_{th}	Megawatt－thermal	兆瓦热
OLTC	On－load tap－changer	有载分接开关
OPF	Optimal power flow	最优潮流
PHEV	Plug－in hybrid electric vehicle	插电式混合动力汽车
PMU	Phasor measurement units	相位测量装置
PU	Per unit	单位
PV	Photo－voltaic	光伏
SCADA	Supervisory control and data acquisition	数据采集与监控
SMES	Superconducting Magnetic Energy Storage	超导磁蓄能

（续）

英文缩略语	英文全称	中文解释
SOC	State of charge	荷电状态
TCOPF	Time - coordinated optimal power flow	时间协调最优潮流
TES	Thermal energy storage	储热
UF	Utility factor	利用率
UK	United Kingdom	英国
UN	United Nations	联合国
UPS	Uninterrupted power supply	不间断电源
USA	United States of America	美国
V2G	Vehicle - to - grid	车辆到电网
V2R	Vehicle - to - road	车辆到道路
W2W	Well - to - wheel	油井到车轮
Wh	Watt - hour	瓦时

符　号　表

符号	变量名称	国际单位
B	电纳	S
CO_2	二氧化碳	mmol/L
D	管径	mm
F	气流	m^3/s
G	电导	S
GW	兆瓦	GJ/s
GWh	兆瓦时	GJ
I	电流	A
K	管摩擦	NA
kW	千瓦	kJ/s
kWh	千瓦时	kJ
L	管长	m
MW	兆瓦	MJ/s
MWh	兆瓦时	MJ
p	压力	Pa
P	实际功率	W
Q	无功功率	VAR
S	复数功率	VA
V	电压幅值	V
Y	导纳	S
Z	阻抗	Ω
$\in$	容许值	NA
ω	角频率	rad/s
θ	相位角	rad

目　　录

第 1 章　能源资源、基础设施和转换技术有效管理所面临的挑战

1.1　全球城市化和能源系统效率

在 2011 年底，世界人口已经达到了 70 亿，而 1960 年全球人口约为 30 亿[1]。图 1.1 为联合国（UN）发布的 1800 – 2100 年世界人口的变化趋势及预测。目前，人们还不知道人口增长的制约因素，但可以肯定的是，人口的高速增长加大了世界资源，诸如水、食物和能源的供给压力。自 19 世纪工业革命开始之后，能源的消耗与人类活动的关系变得更为紧密。此外，随着社会的不断发展，人们对于能源的需求也变得更加相似。这就是为什么人类集中的地方，能源的消耗也相对集中。在城市不断发展的过程中，人们不断地追求更高的生活质量和更便捷的生活方式，因此，近数十年来的高速城市化已成为一种常态。可以预计，世界各地的城市化水平是不一样的。在 1950 年，有 8 个城市居民超过 500 万，据估计，到 2015 年，有 58 个城市将超过这个值。附录 A 为 2015 年特大城市的详细清单。表 1.1 和表 1.2 分别列出了五大城市在 1950 年和 2015 年的人口规模[2]。

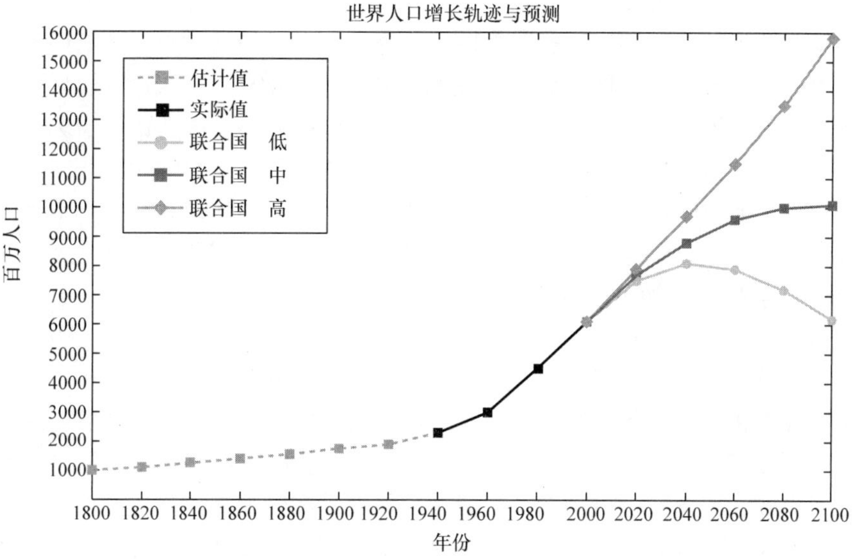

图 1.1　1800 – 2100 年的世界人口变化趋势（联合国预测）[3]

表 1.1 1950 年五大人口稠密城市

排名	城市	人口/百万
1	纽约	12.3
2	伦敦	8.7
3	东京	6.9
4	巴黎	5.4
5	莫斯科	5.3

表 1.2 预计 2015 年五个人口最多的城市

排名	城市	人口/百万
1	东京	27.2
2	达卡	22.8
3	孟买	22.6
4	圣保罗	21.2
5	德里	20.9

数据显示，目前最大的城市人口超过 2000 万，且大多位于发展中国家。总体而言，对城市化的研究表明，到 2030 年，全球近三分之二的人口将聚集在城市，因此城市对能源的需求将大幅上升[4]。图 1.2 补充说明了过去 40 年来世界各地区的人均用电量的变化。相较于发展中地区，绝大多数经济发达地区的居民有着更大的能源消耗量。但是，这种趋势正在逐渐变化。在 1970 年，北美和欧洲对能量的使用量分别为世界平均水平的 8 倍和 3 倍。但到 2009 年，这一比例分别下降为 3 倍和 1.5 倍。数据显示，随着人们生活标准的不断提高，全球能源需求将持续增长，并在各个区域间趋于平衡。这就提出了一个问题：如何保证社会高效运行的同时高效使用资源。对于这些顾虑的最新的例子是：印度在 2012 年的夏天一直在遭受长时间的停电[5]。除了能源资源是否可以有效管理这一问题，另一个紧迫的问题是如何在城市建立可持续的能源系统，以应对气候变化。据国际能源署（IEA）估计，城市排放的二氧化碳量占了全球排放量的 70% 以上[6]。在保持“亮灯”，即不影响社会正常运转的情况下，应对气候变化错综复杂。政府、监管机构、企业和社会等利益相关者都应采取实际行动[7]。要想解决这个问题，当务之急是要重新思考当今的能源系统运行的各个阶段是如何设计和管理的，强化应对气候变化的行动［如碳捕获与封存（CCS）］，全面部署循环经济，促进可再生资源的发展。

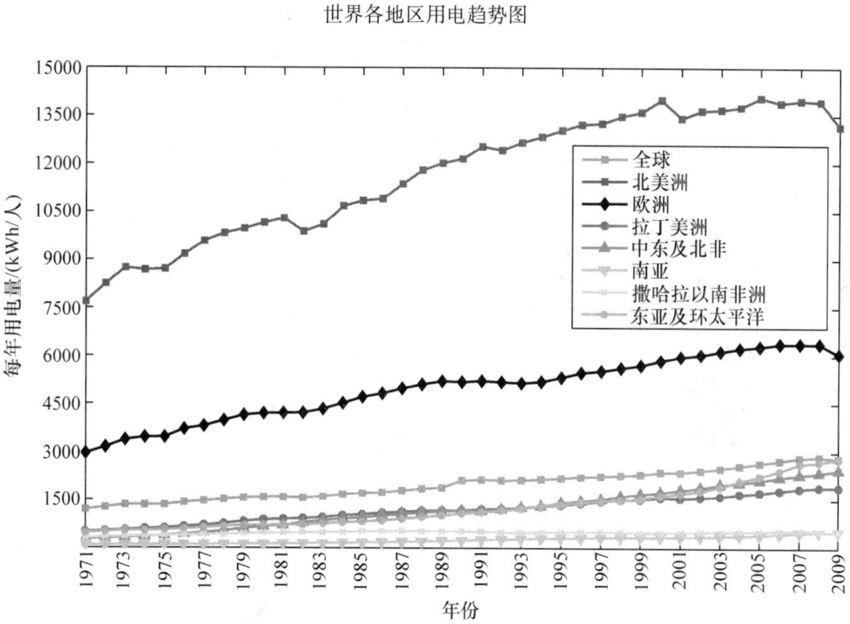

图1.2　根据IEA的数据，电力在传输、分配和转换上有更少的损失[8]

由于受制于外部有限的社会资源，学术界和工业界都在想："若在城市间实施能源整合并减少其碳足迹，将会为气候带来哪些有利的影响?"

在伦敦帝国理工学院，英国石油公司（BP）资助的城市能源系统项目采用了跨学科的研究方法，在城市的基础上综合考虑人与基础设施及其生活环境的相互作用，以此来研究成本、能源和环境的影响是否可以改变。以此为前提进行的研究，旨在实现能源网络之间的协同共享，以提高能源输送效率，增强可持续性。在这种方式下，必须估计出市区基础服务的能源需求和相应的能源转换技术，以及如何进行相应的操作。因此，用适当的模型来分析这些元素，使能量合理地流动就成为下一步研究的方向。

相互依存关系是本研究的一个关键词，它被定义为：在不同的基础设施状态之间的，双向基础设施之间的相互影响的一种关系。

图1.3给出了一个网络基础设施的相互依存关系的例子。在21世纪的现代城市能源系统中，服务网络之间存在的依赖关系，将对一个城市内的活动产生深远的影响。这些复杂的相互作用关系，也有助于更直观地了解人们每天依靠基础设施来进行的工作和休闲活动。如果没有这些关键的服务网络，城市的运转可能会停滞不前。这就是为什么一个整体协同和互动的网络，需要对现有的城市环境中的能量流动建立相互作用的模型，并进行详细的分析，以确定能源优化利用。因此，忽略网络中各种因素的相互依存关系，将会影响独立分析的有效性，甚至导致利益相关者做出错误的决策。

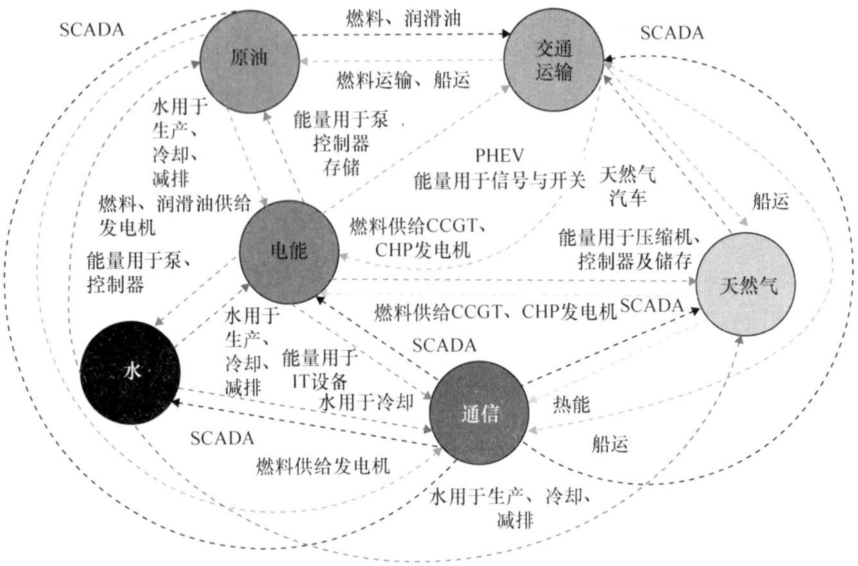

图 1.3　动态服务基础设施交互实例[11]

尽管复杂的能源系统不具有普遍性的物理表示，迄今为止仍有文献针对热力学系统、代谢系统或复杂系统[12]进行研究。此外，文献显示，公共领域能源模型通常认为，终端的能源消费情况反映了国家的能源需求。他们忽略了对城市的分析，因而其对城市能源系统的分析充其量只能被视为估测[13]。

图 1.4 描述了一个城市能源系统中能量转换的不同阶段，从一次能源经转换系统到所需的终端能源。如果对这些过程进行量化，桑基图示出了其流量，然后将其输出。

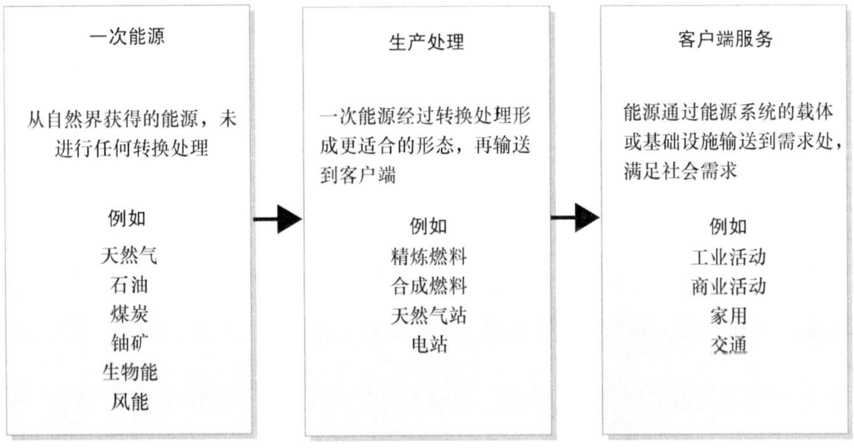

图 1.4　一个城市能源系统中能量转换不同阶段实例

附录 B 的桑基图定量案例显示 2011 年整个英国的能源使用效率为 49%。对其他的城市进行类似的研究，我们得到多伦多的效率是 50%，而赫尔辛基的效率是 68%。后者的能源使用效率比较高，主要是由于后者采用了区域余热供热计划[14]。通过这个比较，工程师相信城市能源系统的能效是可以提高的。因此，下一个目标是在城市环境下，通过对传统的能源基础设施进行建模和创新能量转换技术来有效管理能源资源。

1.2　城市能源系统的演变

本书中的城市能源服务网络，仅指在传统设计和操作上彼此分开的天然气和电力的基础设施，尽管两者均能满足电力和热负载。考虑到目前的各种因素，天然气已经成为一种减少二氧化碳排放和提高能源系统稳定性[15]的首选燃料。因此，能源系统集成任务，给利益相关者带来了新的挑战，同时也为他们带来了了解新兴行业的机会。

很多关键性的问题，都是资本密集型的，需要利益相关者来解决以满足未来能源网络的需求，这些问题包括：

- 重新调整能源市场框架，提供一种更便捷的方法来吸引更多的参与者并提高能源价格的透明度[16]；
- 开发更可靠的能源负载预测模型，更安全地满足未来的能源需求[17]；
- 对智能电网进行全面的检测和控制，以保证电网的正常运行[18]；
- 适应存在于采用间歇性低碳发电、可变负载及配套服务之间日益增加的相互联系[19]；
- 遵守相关部门的政策法规，减少温室气体的排放[20]；

除了上述挑战，在嵌入式技术领域非常有发展前途的另外一门技术是分布式能源技术。分布式能源技术具有模块化的特点，可以为终端用户提供电能或热能，一个典型的分布式能源可以提供 1kW ~ 10MW 的负载[21]。此外，分布式能源系统安全可靠，因为它们可以连接当地的电网或者脱离电网单独运行。这些装置，在一定条件以及合适的范围内，不受迅速发展的规模经济的冲击和配电系统的制约。

应用分布式能源技术，需要仔细的研究，以满足项目的技术经济预期。然而，不同的选择，具有不同的成本、燃料类型、容量和可靠性[18]。合理地利用分布式能源，需要考虑的问题总结起来就是“何时、何地以及怎样利用”的问题，并满足终端用户的能源需求；因此，分布式能源可以在不同的方面，如城市网络可靠性、气体排放、燃料利用率和低成本的能源供应（如果能源收费标准比较高）等方面对城市产生积极的影响。

很多文献都忽略了分布式能源的供热技术，但这一在各个经济体中都十分重要的能量载荷应当得到重视。有碳减排目标的许多国家都建立了相关的激励机制来发展这一技术，如英国通过 RHI 计划来促进这一技术的发展[22]。一些热分布式能源还包括[23]太阳能供热设备、地源和水源热泵、固体生物质炉（如木屑、颗粒和废物）和生物甲烷燃烧设备。

表 1.3 和表 1.4 概述了电力分布式能源最常见的电力储存技术的应用，而表 1.5 总结了电网配合 PHEV 的影响和需求侧管理（DSM）项目[24]。

表 1.3　分布式能源技术的组合应用

技术	燃料形式	备用	调峰	热电联产
发动机	柴油/生物柴油/天然气	×	×	×
微型涡轮	天然气/生物气/合成气	×	×	×
燃料电池	氢/甲烷			×
太阳能光伏	太阳		×	
风能	风			

表 1.4　储存技术的组合应用

技术	独立	备用	调峰	电能质量
不间断电源		×		×
电池		×		×
飞轮		×		×
超导储能				×

表 1.5　分布式能源对电网的影响以及相应的措施

技术	两路流量	高需求	斜坡率	稳定性
分布式能源	×		×	×
储能	×		×	×
PHEV	×	×	×	
DSM		×	×	×

表 1.5 中提到的技术的影响总结起来，就是在城市能源系统发展中公用事业需要注意的问题。虽然有很多其他的技术可以对这一问题产生深远的影响，但本文只着重讨论以下两点：

- 热电联产装置；
- PHEV。

在大部分对环保做了承诺的国家中，天然气被看作是主要的燃料。这一事实也已经使越来越多的消费者选择使用天然气，来满足其对空间和热水的需求[25]。同样地，供热机组（即热电联产装置）可用天然气供能，在非常高的总效率下产生电力和热能。因此，供热机组是连接这两类基础设施的桥梁。同时，PHEV 技术已经得到了公众的关注，因其既可以减少对汽油的依赖，也可以减少内燃机汽车的二氧化碳排放量[26]。PHEV 与混合动力汽车（HEV）类似，不同的是 PHEV 有一个更大的电池和插电式充电器，电网的电力从进口输入，从而取代汽油的使用成为一个新的移动负载。如果操作得当，热电联产和 PHEV 技术可以在没有明显缺点的前提下，提高基础设施网络的性能。此外，如果我们的分析包括了存储功能，未来配电系统的电力输送将具有更大的灵活性[27]。

先进的监控技术使得公用事业和当地的能源网络不断发展，并把重点放在综合资源规划和操作上，这反过来也提高了他们的经济效益[28]。因此，这种资源整合也激励着天然气和电力配电网运营商（DNO）在一种协调的方案下探究分布式能源的利弊。例如，从 DNO 的角度来看，一组热电厂产生热能和电能的同时也会对其各自网络中用气、用电的需求造成影响。

未来的能源服务网络具有以下发展趋势：

- 应该引进类似热电联产和 PHEV 这样的新技术，以使 DNO 能充分利用其技术 - 经济和环保方面的优势；
- 每个基础设施的控制机制应能随着不同的发电方式和负载变化而变化，以提高能源输送效率；
- 应当有一个能优化决策且公正的中间机构来协调分布式能源连接的电网和 DNO 之间的关系；
- 为了提高能源的输送效率，应把天然气和电力系统视为一个整体，对其基础设施进行综合系统的评估。

上述结论意味着能源服务网络之间的相互关系必须确定和量化，以便利益相关者掌握有价值的参考数据，做出明智的决策。集成基础设施，有可能降低 DNO 的整体经营成本。因此，为了进行相关领域的研究，就需要一种结合多种能源载体的能量流工具。图 1.5 显示的是模型中必不可少的组件，可用于对该领域的研究进行深度评估，作为示例，现有的基础设施元素和消费节点可以与分布式能源技术相互作用。例如，电力和天然气在正常运行的时候，除了要对本身进行控制，还要对 PHEV 和热电厂的负载流量以及有载分接开关和压缩机进行控制，以保证充足的供应。

现行的各种负载流量工具，可以在学术上和工业领域中对单一网络进行分析。因此，这使得对单一天然气和电力系统进行深入的技术 - 经济性分析成为可能。尽管如此，目前还没有专门针对集成系统的功能进行详细描绘的商业软件。许多人认为能源系统建模的核心算法不会有重大突破，但有可能通过结合各种分析工具对系统做出全面综合的评估，以此来提高生产效率[29]。

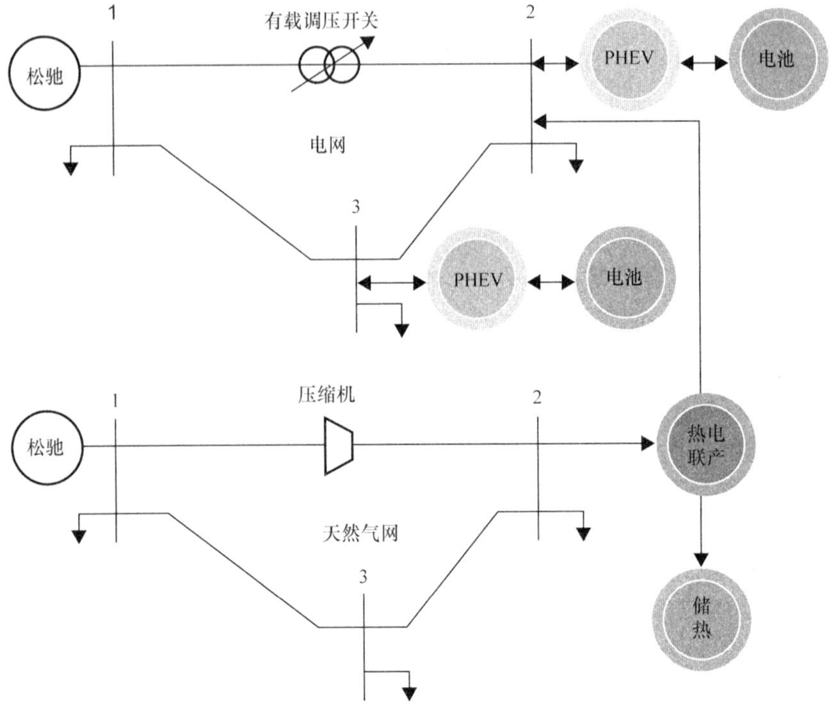

图 1.5　嵌入式技术的引用，如热电联产和 PHEV 装置，均具有储能功能，有助于增加电网的灵活性

1.3　能源系统的综合管理

虽然对热、水、通信和道路网络进行综合分析是一项有意义的工作，但由于它们之间的相关性，本文只对天然气和供电网络进行全面分析。开发一个单一的分析框架，同时对城市基础设施的能量流进行评估是一项复杂的工作，在开发的初步阶段，需对每一个矢量的基本组成部分进行建模。尽管这项任务可能看起来很复杂，但第一个要解决的问题是："如何对与小规模分布式能源相连接的两个独立的能源基础设施进行分析？"

为了解决这个问题，有必要将时间协调最优潮流（TCOPF）分析方案公式化，这一方案可以评估系统中基础设施的每个元素的运行状况；此外，这一公式足够灵活，能够轻松纳入分布式能源技术分析。因此，集成系统能量流工具是一种解决方案，通过集成能量流工具可以在分布式能源存在的情况下，对天然气与电力基础设施的运行状况做出综合优化，这也为实现智能电网管理铺平了道路。

为了公式化最优潮流问题，自然需要考虑制定一套基本参数和输入数据，这些参量可以像所需的特性一样详尽。例如，它们可能包括：

- 天然气和电力网络的拓扑结构和特点；
- 每个网络热和电力负载分布；
- 热电联产装置的普及率、所在地和储热能力；
- PHEV 普及率，所在地和电池的充电状态；
- 提供能源的成本和来自终端用户的排放量。

因此，通过对未来城市能源系统的基本元素进行模拟，TCOPF 可作为媒介，实现电网运营商和分布式发电设备之间的通信。这些运营决策是根据 TCOPF 目标函数做出的，这反过来又与电网状态条件和所连接的嵌入式技术有关。于是，在本研究中的最优潮流程序可以被看作是一个主体，使 DSM 做出相应的响应策略。因此，它本质上与能源服务提供商所承担的职责是相似的。

目前，有很多关于智能电网的热词，在电力系统使用最为频繁，为了明确其在本文中的含义，说明如下：

能源服务提供商，旨在为工业、商业企业用户和住宅用户（包括公共和私营部门）提供广泛而全面的能源解决方案，包括计费、发电、供电、养护、管理和维护。这些服务协调了电网运营商、能源市场和监管机构之间的相互关系[30]。

DSM，指对用电一方实施的管理。目的是通过能源效率或保护方案的智能控制来减少能源消耗及供需双方的费用支出[31]。

需求响应，即电力用户用电量的变化，是指当电力批发市场价格升高或系统可靠性受威胁时，电力用户接收到供电方发出的诱导性减少负载的直接补偿通知或者电力价格上升信号后，改变其固有的习惯用电模式，达到减少或者推移某时段的用电负载而响应电力供应，从而保障电网稳定，并抑制电价上升的短期行为[32,33]。

上述服务是实现智能电网的关键，公共事业还需要时间来适应上述服务。此外，需要更加复杂的测量、监测、控制元件，才能将不同能源引入能源系统成为现实。表 1.6 包含了不同的技术领域，可能对能源基础设施的硬件和软件解决方案提供帮助的技术[34]。

表 1.6　智能电网技术

技术领域	硬件	软件
广域监测	相量测量装置（PMU）和其他传感器	数据采集与监控（SCADA）系统
IT 集成	路由器、服务器等	资源规划
分布式能源集成	功率调节	能源管理
增强传输	柔性交流输电系统	稳定性和回收率
分布式管理	开关、传感器等	地理信息系统（GIS）和配电管理系统（DMS）
先进的计量	智能电表	测量数据管理系统（MDMS）
电动汽车充电	基础设施	电动汽车到电网（G2V）和电网到电动汽车（V2G）
客户端系统	智能家电和电池管理系统（BMS）	能源仪表板

正如上表所示，智能电网输配电网络需要纳入更广泛的硬件和软件功能。显然，这些技术不会只应用于电网，还会应用于住宅和分布式能源系统。本书的核心内容是建模与相互作用分析。

为了开发复杂的能源分析工具，还有些问题亟待解决，弄清这些问题有助于构建能源服务网络中有效的分布式能源模型。以下问题值得探究：

- 有哪些现行的方法已经提出了发展能源基础设施的综合模式？
- 模拟天然气和电气能流的过程中有什么异同点？
- 在整合天然气和电力基础设施能流的过程中需要遵循什么样的原则？
- 在描述能源网络中热电联产和 PHEV 技术的时候，核心要素是什么？
- 在模拟热量和电化学储能负载问题时需采用什么方法，以及需要考虑什么问题？
- 在对天然气和电力系统制定综合的 TCOPF 时，什么样的框架更合适？
- 用什么样的方法可以使电气工程师将电动汽车流动性的特点加入到负载流量分析中？

一旦分布式能源与基础设施之间相互联系的新框架被开发出来，就需要进行案例研究，并向人们展示城市能源系统的操作灵活性。对于每个具体案例的研究，可以采用不同的参数和假设，最重要的是 TCOPF 的目标函数能被公式化，起到能源提供商的作用，这些例子如下：

- 即插即忘：描绘了一个被动管理的网络；
- 燃料成本最小化：包含分布式能源的经济调度，减少城市能源系统中的燃料总成本；
- 损失最小化：通过采用嵌入式技术和对装置的控制，减少网络中的功率损失；
- 能源成本最小化：提前一天使天然气和电的价格接近现货市场价格，以减少城市能源系统产生的总成本；这一方法也可以应用于降低碳排放成本。

测试不同的目标函数，利用 TCOPF 目标函数来量化和可视化能量流在协调操作场景下的状态。通过全面的能流分析，可以解决与利益相关者关联的下列问题：

- 在什么样的负载变化范围内，以天然气和 DNO 预测分布式能源系统的协调运行是有意义的？
- 什么样的城市能源系统可以从分布式能源系统中获得最大的利益？
- 相对于“即插即忘”的策略而言，若要对热电联产和 PHEV 进行优化运行，需要进行哪些改变？
- 分布式能源对城巿能源服务网络在电力损失、运行费用、电网利用率和尾气排放等方面有什么影响？

研究上述问题的一个重要意义是：激励关键决策者去思考如何让所有利益相关者合理利用分布式能源并获益，同时尽量减少智能电网的弊端。尽管如此，正如前面提到的，智能电网包括很多内容，因此不同人的解释可能会有一些差异。不幸的是有时候电力系统会混进一些“外行人”。但是，也存在一个共识，其主要目标包括无缝地采用新技术，以及应用现有的基础设施实现资源的最大化利用。

这项工作展示了，集成建模如何让工程师描述对未来能源系统集成建模的行为，以及帮助利益相关者在复杂的问题上做出明智的决策之间的相关性。还有很重要的一点需要澄清：没有哪一个单一的实体部门可以在今天的能源部门、私营或国营企业之间，全面控制基础设施和现有的模型技术之间的能量交换。因此，本文中提到的优化工具的特点可以假设，它具有协调城市能源系统内所有元素的能力。出于这个原因，模拟的结果仅作为一个基准来衡量哪些技术经济革新可能与如今的能流相关。但最重要的是，它同时也强调了建立有别于传统电力系统的中央协调机构的意义和价值。

第 2 章　集成建模综述

在研究分布式能源基础设施优化运行的过程中，需要开发一种可以同时评估多个元素的分析工具。此外，能源网络的组合建模还有其他目的。文献表明，有三个因素促进了对能源网络相关性的研究，这对未来的能源运输同样有指导作用，它们是：

- 安全性：提高稳定性和关键系统的可靠性；
- 环境：确定可持续发展的城市区域模式；
- 智能系统：整合新的技术应用于网络。

首先，相关性始于利益相关者要求加强关键基础设施的应变能力，以确保提供基本服务[35,36]。所以，确保关键基础设施所提供的服务不受人为或自然灾害的影响至关重要[37]。因此，这些出版物从安全的角度对这个问题进行了讨论[38]。其次，全球城市化的到来已使学术界把研究重点放在可持续发展的模式上。如此，城市必须能够调和其内在的冲突：保持竞争力和在低碳模式[39]下满足城市人口的日常生活需要。以下的文献综述涉及的是电力工程师在日益发展的可持续能源系统中亟待解决的问题，本章将重点介绍以下相关内容：面向电网的分布式能源技术的发展现状，综合能流的建模方法以及天然气网和电网的联合研究。

2.1　关于分布式能源的建模问题

2.1.1　分布式发电面临的挑战

该理论框架分析嵌入式技术可能对配电网络（始于 20 世纪 80 年代）所造成的影响[40,41]。但是，这些技术的部署并不那么迫在眉睫，这使得该项研究一拖再拖。然而，由于近期的技术进步以及在非工业环境下分布式能源的实践，这个领域再次成为研究人员的焦点。自此，科学界开始用不同的方法和观点重新研究分布式能源。虽然围绕发电去集中化有许多研究领域，但目前主要集中在分布式能源建模和解决规划及运行问题上[42,43]。对于研究分布式能源的电力系统工程师，参考文献［23］对相关问题进行了分类：

- 分布式发电与储存：包括了无论是本地能源生产或储存的各不相同的技术设备[21,44-48]。
- 需求响应：通过负载控制和用户参与等政策来调节电力系统供需状况的能源业务模式[49-52]。

自 20 世纪 90 年代初期以来，发展中国家提出了很多促进结构调整的政策激励措施，并放松了对不同能源领域的管制[53]。相较于过去集中和垄断的环境，这种推崇自由竞争的做法已成为获取更大经济效益的一种方式[54]。目前，高效的网络发展在涉及处理嵌入式发电安装的问题时，会遇到一些来自拥有基础设施的私营业主的阻力。这是因为配电网运营商（DNO）担心由于小型发电机的使用、时间和位置将给他们的运营带来不确定性[55]。由于这种不确定性，电网运营商需要一些实时工具来突出运营和位置上有竞争力的设备优先级，保证技术 - 经济效率，从而使公用事业获得好的投资回报。同样，公用事业需要连接到他们的设备上的新分布式能源的操作信息，以保证良好的网络性能，其中保证高可靠性是首要任务[57]。

在不同的能源背景下，尤其是能源成本持续上涨的情况下，分布式能源的应用范围会越来越广，而不是作为替代品被丢弃[58]。因此，DNO 需要针对这种情况做出改变。这使得研究人员质疑："怎么才能使新技术的应用更好地推动配电网的应用?[59]"。

一些分布式能源为重要公用事业做出的贡献可概括如下：

- 分布式能源无论从技术还是经济的角度来看，都是一个有吸引力的选择，能促进提高应用能源效率[59]；
- 当地能源鼓励参与者根据电力需求和网络条件[49,60,61]采取弹性价格的措施；
- 通过数据采集和监控（SCADA）设备[19,62]适当的监测，分布式能源技术可以提高网络的性能；
- 随着嵌入式技术的广泛使用，我们需要重新审视能源互联的配电系统的现有标准；
- 使用 PHEV 等新技术可以直接解决市区的尾气排放问题[64,65]；
- 对某项分布式能源技术的侧重可能会改变当地燃料供给基础设施的发展[66]；
- 嵌入式发电的出现，在一定程度上可以减少由于电缆拥堵造成配电系统的依赖性和脆弱性；
- 分布式能源及其同类产品的使用可以减缓对变电站、电网改造和大型发电厂的投资，因为这类投资属于资本密集型[60,68]投资，通常投资回报周期较长；
- 将当地资源连入电网可提高电网可靠性和电能质量[69,70]。

以上几点可归纳为：要想实现环保和节能，电力系统依然任重道远。一般来说，配电网络并非一直是运营效率的焦点，这带来了很多问题。这就是为什么利益相关者可以通过在网络结构中增加带有实时监控设备的新能源资源，得到信息进而获利。因此，分布式能源技术的普及有可能将目前的网络变得更加智能。智能电网被定义为[19]"由技术驱动的，能为投资、运营和维护成本带来增量效益的综合解决方案，同时也为消费者和社会带来好处"。

随着电网的转型趋向智能化，公用事业将对这些有助他们实现战略及运营转型的离散技术另眼相看，不仅如此，能源系统中各领域间的相互作用将得到本质的提高，如图 2.1 所示。例如，一些刊物已经提出从供应链网络的角度[72,73]，来应对分布式能源对基础设施的影响。因此，建议运营者采用在过程系统工程中运用的优化和控制理论，从而变得更高效并且获利。总之，这意味着我们今天所知道的电网需要用创新的方法来应对分布式能源带来的挑战[74,75]。

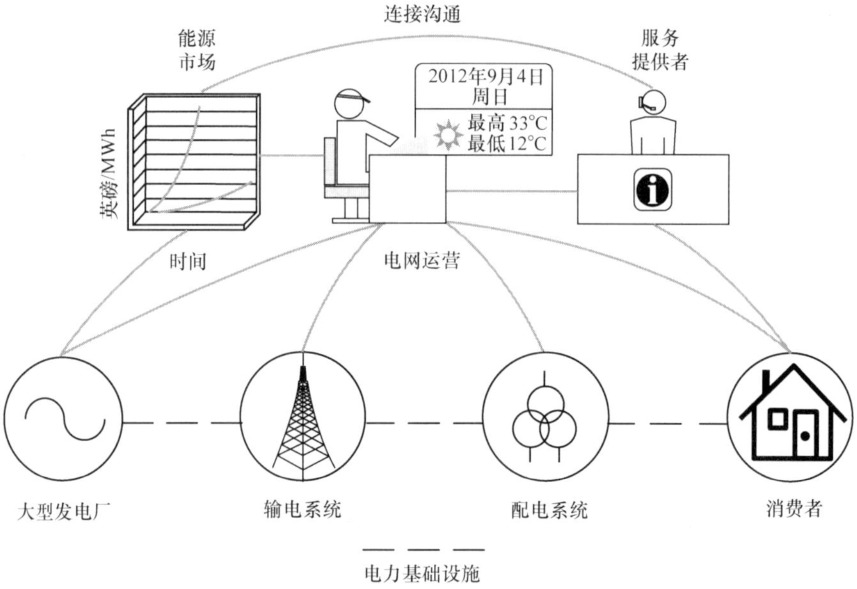

图 2.1　通信和能源链接智能电网的概念模型

2.1.2　热电联产技术对电网的影响

到目前为止，热电联产（CHP）技术主要应用于工业领域，因为这一领域有可利用的电能和热能。但最近，它的小型化产品（如微型热电联产机组）已经进入市场，技术已成熟到可以取代家用和商用锅炉[76]。除了提高燃油转化效率，热电联产给电网带来的一些技术上的优势，也减少了负载高峰时的功率损耗[77]。因此，热电联产装置旨在进入容量、效率和应用环境各不相同的城市住宅供热领域[78]。在国与国之间，热电联产的效益受到发电中所用燃料结构的成本以及相应的排放量的极大影响。例如，由于煤与瓦斯在英国燃料结构中占有重要位置，监管机构计划到 2010 年[80]安装完成 10GW_{el}级的热电联产装置。然而，到 2009 年底，热电联产的容量仅有 5.5GW_{el}[81]。研究发现，将分布式能源接入电网的最新政策未能有效地促进热电联产的实践[58]。由此可见，在各个国家需要进行定期的规章制度修订并采取电价补贴政策，尤其是在以火电为主的国家[82]。否则，嵌入式技术的部署与减少二氧化碳排放量的目标也只是痴心妄想。

在过去的 40 年里，英国家庭能源消费量一直在稳步增加[81]。因此，改善这部分消费者的能源供应将有助于最大限度地利用资源。但非常重要的是，热电联产能否获利极大地依赖于整年持续存在的热能和电能需求[83,84]。这正是为什么相对于间歇性的可再生能源，热电联产具有更高的容量系数[85]。

支持使用热电联产装置的一些附加因素是[86]：

- 项目不需要资本密集的供热网络来提高其适用性；
- 大多数燃料分布广泛、价格稳定；
- 当连接到储热式热电联产机组，可以提供灵活的操作方式，从而控制成本，提高可靠性；
- 机组安装时间短，不占用过大空间，相比于可再生能源技术，投资风险较低。

评估热量储存对热电联产机组可能产生的影响至关重要，因其可以提高操作的灵活性[87]。虽然在热力学相关的文献中，模拟热储能早已司空见惯，但这一领域被电力系统工程师冷落了太久，直到近期商用和家用热电联产产品才有了新的进展[15]。最初的研究始于一台带有储热功能的小型热电联产装置对单一住宅的影响[88,89]。这些研究结果显示，热电联产装置的最低成本经营策略应该取决于两个因素。第一是所有者的热能电能负载需求得到满足，而第二指如果将电力反售给电网可能获得的经济收益。此外，这些成果可以解释利益相关者如何通过分布式能源机组的综合协调来获利[90]。正如预期的那样，到目前为止所有的研究都主张实现储热的利益最大化，以增强热电联产对用户的吸引力[91]。因此，有关出版物提出热电联产装置应建立传统的以热或电为主导的方法之外的经营策略，并着眼于更具经济效益的方法[92]。出于这个原因，新的热电联产经营策略应着眼于利用电价波动及其辅助服务来降低机组运营成本，同时使得电力负载曲线趋于扁平化[93]。

嵌入式发电中能够影响配电系统的主要技术已迅速成为一个热门的研究领域。总之，如果管理不当，一些分布式能源项目很可能违反法定电压限制，造成电能质量和开关设备故障问题[21]。发生此现象的概率取决于分布式能源的类型和位置，以及变电站的负载和网络特征[94]。不过，如果设计合理，热电联产部署对用户和供电者双方都有利。图 2. 2 显示了帝国理工学院定期运行的两个天然气热电联产机组，这可以减少买进的电力；图 2. 3 使用桑基图描述了机组效率。

关于热电联产对电网的影响，有关出版物[95]通过一个为了网络建模而设立的英国普通配电网络实验得出，在小型发电机处于低普及率的情况下，有功功率流及功率损耗应当减小。在另一方面，如果热电联产机组没有合理分配，由于逆功率流，许多电网分枝可能会超出发热限制。巧合的是，参考文献［96］重申了这一观点，即分布式能源在降低配电损耗方面具有积极的作用，在城市地区比农村地区

图 2.2 帝国理工学院的热电联产机组，每台机组的电力装机容量为 4.5MW

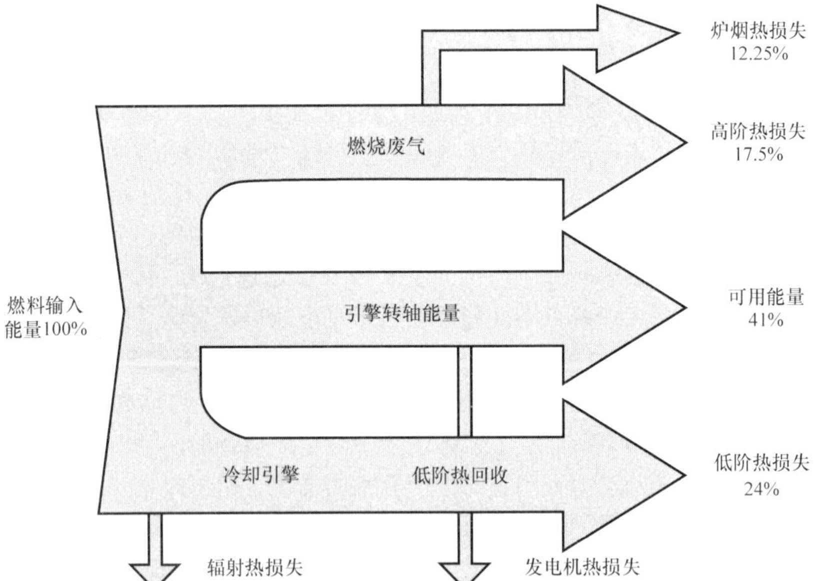

图 2.3 帝国理工学院热电联产将燃料的 82% 能量转化为热能和电能

效果更加明显。然而，如果未对高普及率的热电联产装置进行监控，将造成损耗增加以及相应成本的提高。因此，相关人士应了解这些趋势，并在连接分布式能源机组与控制配电损耗之间寻求平衡[97]。

由于最新的技术进步，DNO 者正计划将被动式的运营程序转变为一种更积极的资产管理方法[98]，这种先进的控制策略包括：

- 通过带有载分接开关（OLTC）实现区域电压控制；
- 电压调节器的应用；
- 有功功率发电缩减；
- 无功功率管理。

进一步的研究工作主要集中在让能流程序能够考虑分布式能源的影响，这是因为能够接入电网的嵌入式发电机组数量通常是通过一个专门的负载流量案例研究来确定，这一案例通常能够展现出分布式能源输出量的最大值和最小值两种状况[99]。例如，参考文献［100］研究了一个在现有网络上分布式能源普及程度很高的一个模型。这项工作的结论指出，分布式能源普及度取决于现有电压控制系统所能承载的净空量。类似地，参考文献［101］阐述了一种为配电网络运营者评估系统能力的优化能流工具，在这项特定的研究中，将热电联产机组模拟为被动式负载，并进行分级卸载，从而确定系统净空量。

从各类出版物中可以看出，大部分文献聚焦于分布式能源对电网性能的影响。这意味着电力系统工程师们大多忽略了满足电力需求对燃气输配网络状态的依赖。因此，在输配层面将天然气和电力基础设施综合起来还有一定的差距，高压传输直到近期才开始引人关注[66]。

2.1.3　PHEV 技术对电网的影响

关于部署 PHEV 对电网系统的影响，还有很多方面值得深究。这些课题包括：在车辆到电网（V2G）盈利模式下[102]提供附加服务的复杂性，以及为了满足日益增长的电动汽车需求而将不同能源发电方法结合起来的必要条件[33]。尽管如此，到目前为止，几乎没有刊物对 PHEV 与其他分布式能源之间优化协调从而加强输配网络运营的影响进行探究[103]。

与部署热电联产类似，利益相关者需要权衡由 PHEV 带来的对于电力公用事业的利弊。尽管如此，与 PHEV 相比，热电联产是一种更时兴的技术，还有许多系统集成和运营的问题仍未解决，显而易见的是能源行业与交通行业必须建立协作关系，才能应对 PHEV 所面对的挑战[19,74]。

从文献综述可以看出，当前的研究缺乏技术深度，因为研究人员只能对来自汽车制造商[26]和旅行调查[104]的有限数据进行仿真。因此，迫切需要运输和电力系统研究小组共同努力，以获得车辆驾驶方面的可靠信息。例如，通过全球定位系统（GPS）技术来识别车辆行驶模式[105]，收集有价值的数据。否则，很难对 PHEV

在电网中的时间及空间元素进行模拟。鉴于上述原因，最初的关于 PHEV 的研究在全系统的基础上展开，如 PHEV 市场一体化如何影响集中式发电和现有的能源输送业务模式[106-110]。

在能源公用事业上引进 PHEV 技术仍有一些顾虑。例如，交通部门的电气化可能会提高对发电量和基础设施的要求，特别是当这些类型的车辆需要在用电高峰期间[111]充电。因此，利益相关者需要估计这种新的负载类型对应的净成本，包括非最优控制下 PHEV 的充电给系统使用率带来的利弊。这些相关担忧促进了关于 PHEV 对美国区域电网技术 – 经济性影响的高层次研究[112-116]。

区域电网的报告试图对以下问题进行探究：

- 可控的 PHEV 充电方式对系统有什么好处？
- 与 PHEV 充电相关的排放成本和边际成本各是多少？

从上述问题的结果来看，这些研究是从不同的 PHEV 普及率和充电情况入手来分析数据，并用其估计效用负载。这些仿真结果（见图 2.4）给出了公共事业需要供给的每日负载曲线，这些曲线可能随时间而变化。一般的结果表明，如果充电发生在傍晚，那么峰值负载将提高，这部分需求将通过边际发电（常见的有美国天然气联合循环电厂）得到满足。同时，夜间充电虽然增加了系统基本负载，但不增加发电总量和峰值需求。肯定地说，PHEV 可以减少温室气体排放，但如果承担充电任务的边际发电厂是碳密集型电厂，那么使用 PHEV 取代汽油带来的减排量将被抵消。

随着 PHEV 的部署，公用事业应该看到交通部门的电气化使收入大幅增长。而收入的增加会加大适当更换变压器和加强线路的负担。因此，一个深入的 PHEV 基础设施布局与加固项目将是满足消费者需求的保障。同样，DNO 应与地方当局合作以实现他们的目标，同时尽可能不打扰第三方。

总体而言，如果管理适当，PHEV 可以更好地利用电网设备。

未来 PHEV 对电网的影响程度将取决于充电容量率和所采用的电池[27]。因此，评估 PHEV 对输配网络的影响，就需要能够模拟具有 PHEV 技术特点的负载模型。图 2.5 描述的是日产聆风电动汽车正通过常规的家用充电器接入电网充电。

受到应用的限制，关于蓄电建模方面的研究还很少[21]。不过，用于存储的电能通常会转化为其他形式的能量（如热能或势能），并在最终使用时再转化为电能[59]。现今，电动汽车的普及迫在眉睫，DNO 应当寻求方法，整合和应用电动汽车的储能技术，更灵活地为消费者提供能源[26]。由于车辆的生命周期中约 95% 的时间是停放不用的[118]，那么就有必要搞清楚，拥有大容量电池的 PHEV 在闲置充电时是否也具备操控的灵活性?[119]。因此，如果应用得当，这些 PHEV 的储能也可以为日常电力需求加大的公共设施及其配套服务带来便利[120]。尽管存在少量差异，PHEV 给电气工程带来的机遇与挑战和水热发电站的相关研究，在很多问题和原理上是类似的[121]。

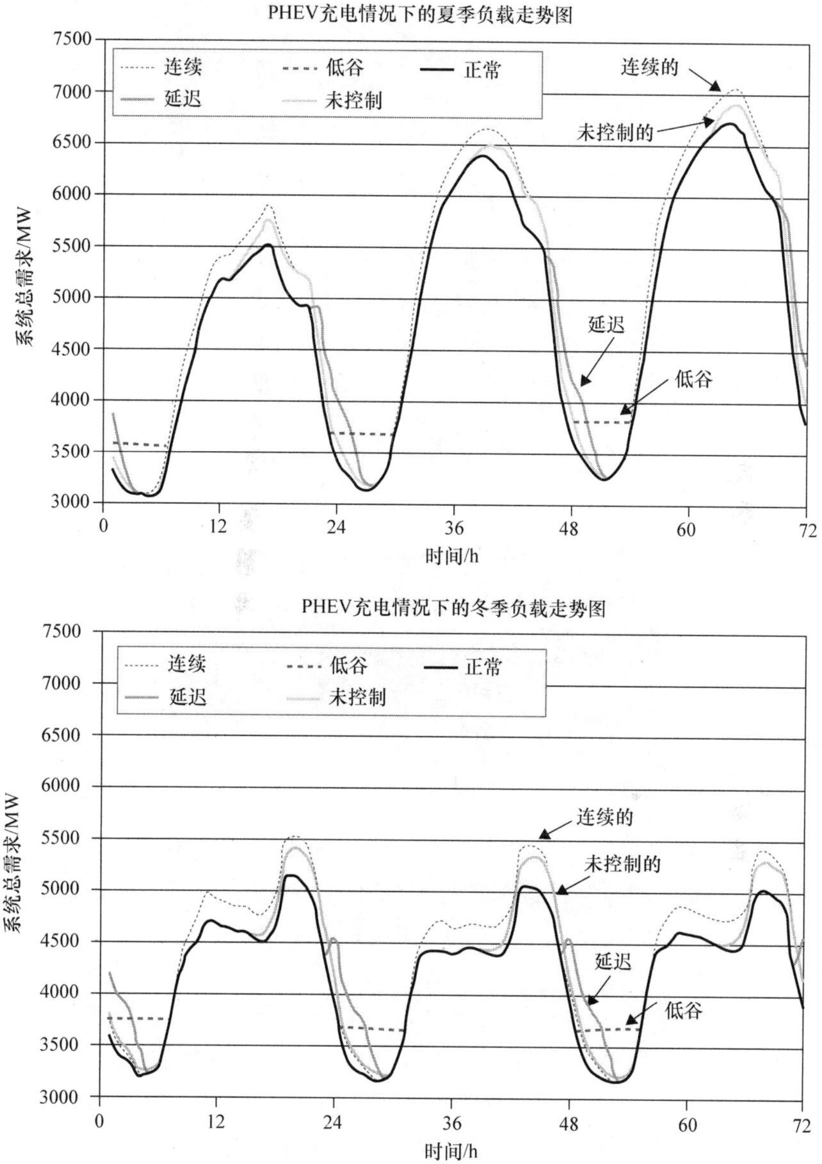

图 2.4　Xcel 能源公司对美国科罗拉多州的 PHEV 充电负载预测（鸣谢美国国家可再生能源实验室）[116]

电动汽车可能成为一种很有意义的储能设施，这一概念促使学术界和工业界提出了从电动汽车到电网（V2G）的概念。这一领域的研究目的是制定方案，在公用事业需要用电时，使用车辆电池电源反过来为电网供电[102]。可以预料的是，为

图 2.5 如果大规模部署得以实现，数以千计的电动车将每日一充，以满足运输需求[117]

了 V2G 服务的正常运行，促进 PHEV 和电网运营商[74,122]之间的正常通信，先进的电力电子设备和监测控制设备都是必不可少的。因此，尽管它距离实际应用还有一段距离，但 V2G 建模和制定其商业模式的理论工作已经展开，近来已有相关文献发表[123]。

两种 V2G 功能的关键特性应当被加入到 PHEV 中。作为能量储备的 PHEV 应当具备车载电源电子技术以及实时控制技术，从而在 DNO 有需求时精准获取能量。由于这些固有的属性，这一概念的商业化想要获得短期的巨大成功取决于响应快、高价值的服务。因此，当普及率高时，PHEV 将在保持电网供电可靠性方面扮演一个新的辅助角色。

有人曾提出 V2G 服务在某一地区可能有助于减轻局部的分配制度问题；可提供的一些辅助性服务包括[125]：

- 峰值功率：在一天对电力需求较高的时间里，回馈需要的电力；
- 直接负载控制：需求的增减基于车辆的数量以及电力网络的成本；
- 旋转储备：指起动和运行的发电能量（即同步到电网，但实际上没有贡献功率）；

• 监管服务：用于调整发电和用电需求之间的平衡（即调整电网的电压和频率）。

最近已有对 V2G 应用的实践研究。参考文献［126］提出了一个聚合函数来表示电网运营商（负责发送无线调度命令给车辆）和多个 PHEV 业主之间的媒介。研究表明，通过 V2G 服务所创造的价值超过了电池的损耗成本。同时，参考文献［127］提出了对于 PJM 电力设施（位于美国的电网运营商），经济效益最大的 V2G 服务是频率调节和旋转备用功能。

有几种出版物对 PHEV 在电网的最佳经营策略进行了评估，对此，本章将逐一讨论并得出结论。

PHEV 的非协同充电可能会导致当地电网电压波动，而协同充电策略可最小化功率损失、最大化电网负载率[103]。该研究开发了序贯二次优化法，解决了负载能流分析问题。结果表明，如果检测和控制不到位，电压可能会超出工作范围。

参考文献［128］提出了 PHEV 的智能管理方案，根据分时电价采用 PHEV 智能集中充电策略，缓解用电拥堵。这一系列研究详述了多载波能源系统理论，通过引入一个无偏载体来调节 PHEV 入网以及与这些 agent 相关的需求问题[129]。因此，能源的优化调度能够加强这些与移动客户端相连的公用事业。根据类似的方法，Denholm 等[116]以及 Denholm 和 Short[130]继续努力，通过公用事业公司来精准控制 PHEV 的分时充电。从这些研究中得出的一个重要结论是，PHEV 智能充电框架的开发应促进充电收费标准的完善，进而反映电能的边际成本。

研究参考文献［33］提出的模型，集成了可再生能源资源、多样化的分布式能源技术和 V2G 功能，其目的是用一种更全面的方法，评估其对电网的影响。该研究对两个国家的能源系统进行了建模，一个来自丹麦，另一个是与丹麦相似的国家，但没有丹麦的混合能源投资组合（如没有热电联产容量）。结果表明，在不造成电力产能过剩的情况下，分布式能源和 PHEV 可以与风能高度结合，同时也能减少国家的二氧化碳排放量。

正如文献综述所示，关于综合优化 PHEV 和其他分布式能源对于多个基础设施的影响的框架研究，还应进一步加强。例如，如何实现 PHEV 充电需求与热电联产及其他产能方式（光伏发电）的电力产能过剩的互补，还几乎未被研究。同样，V2G 如何帮助降低峰值需求和功率损失也需进一步研究。很显然，越早解决分布式能源的问题，利益相关者就可以越早做出明确的选择，将分布式能源作为其能源投资战略的一部分，这也决定了在未来天然气及电力输配网络的设计与运营中，嵌入式发电是否能有一席之地[15]。因此，能够评估分布式能源管理的综合能源网络模型是非常有研究价值的。虽然对单个能源系统的能流分析已经非常成熟，但对能源专家来说，整合多个基础设施依然是一个尚待开拓的新研究领域。该领域的研究刚刚兴起，下一节将介绍文献中常见的建模方法。

2.2 模拟多能源网络的方法

2.2.1 多联产分析

各种详细的分布式能源建模工作已经为多能源互补发电提供了解决方案。这些工作的贡献在于把基础设施与一系列技术结合起来。部分研究的重点在于通过同时考虑热与电的需求来评估分布式能源解决方案。对最终用户的供热需求的考虑是非常重要的，因为热电联产将在城市能源蓝图中发挥很大的作用，但是，燃气管网建模通常忽略了热负载的增加问题[131]。在电力系统中最重要的参考资料来自虚拟电厂[132]和微电网[133]。

虚拟电厂框架是在 1997 年提出的，由一系列市场导向的嵌入式发电机组成，并共同提供高效的能源服务[134]。该理论在本地组件、适当的发电控制策略和可用容量的最优使用之间建立了合适的接口。通过添加这些属性，虚拟电厂可以提供灵活的以客户为导向的能源服务。虚拟电厂研究的各个方面促进了热电联产技术的应用，分析了能源市场[135]之间的相互作用。因此，研究的重点是机组发电项目，以使分布式能源的比重最大化[136]。这种类型的分析，使分布式能源有能力以现货市场电价买卖电力，并有机会提供附加服务[137]。

微电网[138]是一个用持续分散方法来协调分布式能源技术的局部实体，可以减少 DNO 的控制负担，并在各设备之间进行局部协调。微电网有能力以连接电网或孤岛模式两种方式工作[139]。这意味着，一个微电网和主电网之间的连接点未必始终处于激活状态。在特定情况下，两者间的连接确实存在，但通常处于开路状态，只有在内部故障或与主电网交易可以获利的情况下才闭合该回路[140]。在这一背景下，建立一个微电网通常意味着带来多个在线小型发电机，而不是大型发电厂[141]。这一差异不仅关系到设备的大小也会影响每个操作的管理复杂性。因此，为了组织工作能够正常进行，先进的电力电子技术、保护方案和控制系统的应用是必不可少的[69]，因此，一个旨在提高微电网经济利益的能源共享框架，需要依靠强大的通信基础设施[142]。然而，研究重点却集中在开发燃料最小化[143]和评估最佳技术－经济的运行策略上[90,144]。

2.2.2 综合能源运输系统

通过考虑电网与其他系统相互依存的关系，开发一种集成框架方法来解决地区电网的衔接问题，这项研究发表于 2003 年[145]。高层次分析合并了电力、天然气和煤炭系统，类似于互联的网络流模型。此外，这种新颖的模型考虑了系统的每个部分的功能如供应、需求、储存和运输。本研究的目的是评估在一个从化石燃料供应商到电负载中心综合能源体系里，能量流动经济效率[146]。作者展示了多种包含网络节点和弧线的能源系统网络，这些能源系统均受发电能力和效率的限制。这种方法倾向于使用网络流量建模技术，因为该技术综合了多种高效算法[147]。因此，这个问题可以由广义网络单纯形算法解决，通过多周期优化运行，最大限度地减少复杂能源系统的运营总成本，从而保证能源系统各利益相关者的利益。

这项工作运用了一种重要的方法——假设。由于每个能源基础设施都可能有不同的时间尺度，所以应避免重复计算。因而，每个子系统采用不同的时间步长进行计算，以消除冗余模拟[148]压力。

更具体地说，所述优化模型有以下贡献[149]：

- 根据多种基础架构的通用能量流重新解释了功率流的概念；
- 确定成本最低的流动模式；
- 获得所有节点能源价格的边际成本；
- 确定限制排量对流型有多大的影响；
- 评估决策权的下放程度对整个能源系统经济性能的影响。

区域基础设施一体化研究意义明确，可为关键决策议题提供参考，包括战略规划、经济评估、物流和监管政策[150]。在这种方式下，模拟框架揭示了关联系统之间的动态变化，可为集成能源系统建模提供指导。不过，这种方法的最大缺点是未分析流场的物理特性和流动特性；因此，采用该方法会造成基础设施的技术细节丢失——一个不小的知识缺口。

2.2.3 能源枢纽建模

许多能源公司开始通过不同的能源基础设施向客户同时提供多重服务（天然气与电能），这一趋势促使研究人员对多种能源载体进行建模，并通过新方法来探索能源输送的灵活性[151]。这意味着，在不考虑现有物理条件（如土地使用）限制的情况下，重新审视各能源系统。今后，这一概念将被定义为能源枢纽。能源枢纽是分布式能源技术和能源网络相互联系的中心环节[152]。

在上述理论基础上，引入一种通用的建模框架，来解决多能源载体下的能源系统稳态优化问题[62]。模型详尽阐述了多载体能源转换、存储和传输时的物理特性。能源供给优化方案决策是具有多目标的复杂决策过程，而能源供给的多样性和存储技术为决策提供了更多的选择。因此，我们可以通过计算来评估分布式能源与不同基础设施连接后产生的影响。

系统组件通过类似黑盒子的输入 - 输出模型展现出来，通过效率与转换系数将能源之间的相互关系描述出来。因此，组件间的关系由耦合矩阵表述[153]。可通过多个功率流优化方程来分析系统间的能量传递情况，这些方程的目标函数侧重于优化设计和运营策略[129]。近期，通过考虑诸如 PHEV 和热储能等新技术，能源枢纽的框架性分析得到拓展，各个设施之间的相互关系得以描述[128,154,155]。

尽管这一系列研究还没有成熟的结果，分布式能源技术对节点边际价格和气网电网的影响已得到初步展现。无论如何，因为基础设施的模拟重点并不在电流特性方面（如采用直流输电，又名直流能流），所以模拟结果缺少 DNO 及其他利益相关方所需的技术性数据。

能源枢纽框架的重要贡献如下[156]：

- 提出一种通用的、全面的方法，用于模拟多能源载体情况下能源的转换与存储；
- 提出了一种灵活的组合方式，可在分布式能源技术条件下联合不同的能源载体，这一组合方式有望降低整体的能源成本和排放量。

2.2.4 天然气和电力的一体化研究

在解除管制的新环境下，能源市场得以分类定价，这使得公用事业能够在商品交付过程中的任意阶段（如发电、输电、配电、售电）进行投资[71]。不出所料，一些能源公司［如法国电力公司（EDF）、德国意昂集团（E. ON）、葡萄牙电力公司（Energias de portual）和西班牙伊维尔德罗拉公司（Iberdrola）］同时进入了天然气和电力领域[157-160]。在这种环境下，各种利益相关者有机会扩大其影响力。因此，按理来说，关于资源整合的研究将是既定性又定量的，如此一来，公用事业公司既能从投资中获利，又能提高能源利用率[28]。

目前关于综合天然气网和电网的文献研究比较稀缺。大部分涉及这一特定相互影响的现有文献，均聚焦于传输层面的问题。关于高电压 - 高压力层面的文献较为丰富，这是由于“奔向天然气”式的集中发电比分布式发电更为成熟[161]。尽管如此，关于输配网络的相关领域也需要研究，特别是随着热电联产技术的普及，城市地区极有可能发生自己的“奔向天然气”状况[15]。同样地，促进电网与热网的联合是非常有必要的。

相关文献提出了一种综合分析气网电网的方法，并聚焦于以下问题：

- 天然气基础设施的布局对发电规划的影响[66,162-165]；
- 天然气网络的运营和储备对于电网可靠性的影响[166,167]；
- 天然气与电力系统综合负载分析[168-170]。

从上述努力中可以看出，通过能流来分析能源网络是最受推崇的，已经成为开发 TCOPF 的基础。总的来说，综合能流研究的进行旨在了解其提供经济信号的潜力，从而更好地管理资产。在这项工作中，研究人员还未提出一种通用的综合能流框架；但是，天然气工程师率先找出了电网与气网的相似之处。总之，如今用于模拟相互关联的基础设施的工具还未开发成熟；因此，这是一个有待开拓的研究领域。图 2.6 总结了文献综述里提及的多重能源网络模拟方法。至于这些方法会对 TCOPF 造成什么样的影响，下一章将对此展开讨论。

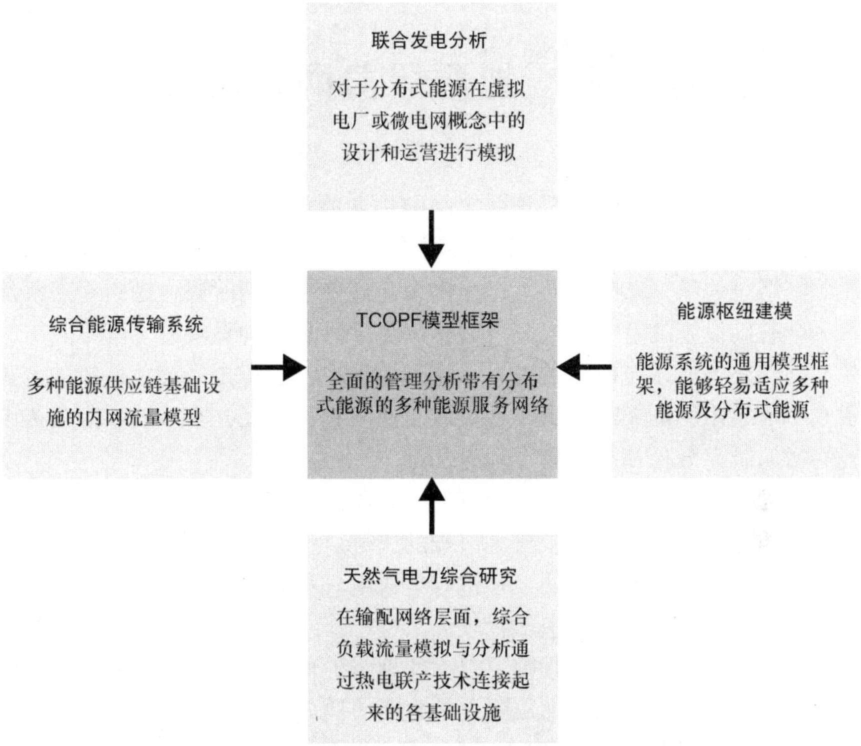

图 2.6　受相关领域能源系统研究影响的 TCOPF 模拟框架

第 3 章　能源服务网络建模

为了更好地分析电气和燃气管网之间的相互关系，本文引入了一个集成的功率流模型，其中热电联产（CHP）机组负责连接供热与发电的基础设施。综合分析几个能源网络是一项复杂的任务。这是因为它需要在初期阶段，通过稳态潮流分析模拟每一个基础设施的基本组成部分。功率流分析是一种重要的工程工具，一直以来被视为高层次电力系统研究的基石。通过单独地讨论每个系统负载流的方法，有可能建立一个通用的框架来解决结合负载流的问题。因此，本章的重点是为电气和天然气网络的研究分析和整合奠定理论基础。

电力工程师应该意识到，一些现有的电力潮流技术能用于解决天然气负载流量问题。此外，它是理解每个负载流动过程的关键，也使同时评估电气和天然气网络成为可能。但是，正如所预料的，在进行集成电气和天然气管网的分析时，必须做一些特殊考虑，这些考虑因素包括代表天然气系统组件和它们对应的电气系统各自的流体流动方程。能源系统工程师可以方便地将他们关于负载能流的知识运用到其他能源系统的分支领域，从而形成强大的建模协同效益，最终对其他值得分析的基础设施（如供水、供热）进行探究。基于参考文献［18，171－176］，这一章对电气和天然气系统的基本原理和负载流量模型进行了综述。

3.1　电网建模

3.1.1　电力系统的基本原理

电力系统的目的是为了不断满足所有客户的需求。为了实现这个目标，发电厂通过输配电系统向远处的用电设备持续供电。复杂的供电过程需遵循一定的物理规律才能实现电力输送。如图 3.1 所示，电力输送系统的主要概念包括电压分级。因此，在电力输送过程中，输电电压会逐级降低。

电力输送系统的几个主要组成部分为：

• 输电系统：负责将发电厂发出的电能输送到主要的负载中心（消费电能的地方）；通过高压、超高压输电线将发电厂与变电站连接起来，完成电能传输。

• 二次输电系统：负责将输电变电站的电能输送至配电变电站；通常为电力系统的大用户供电，如大型工业企业和其他能源密集型工业。

• 配电变电站：是联系输电网和配电系统的中心环节，负责将来自输电系统的高压电能通过变压器转换为较低的供电电压。此外，该阶段可以使用有载分接开

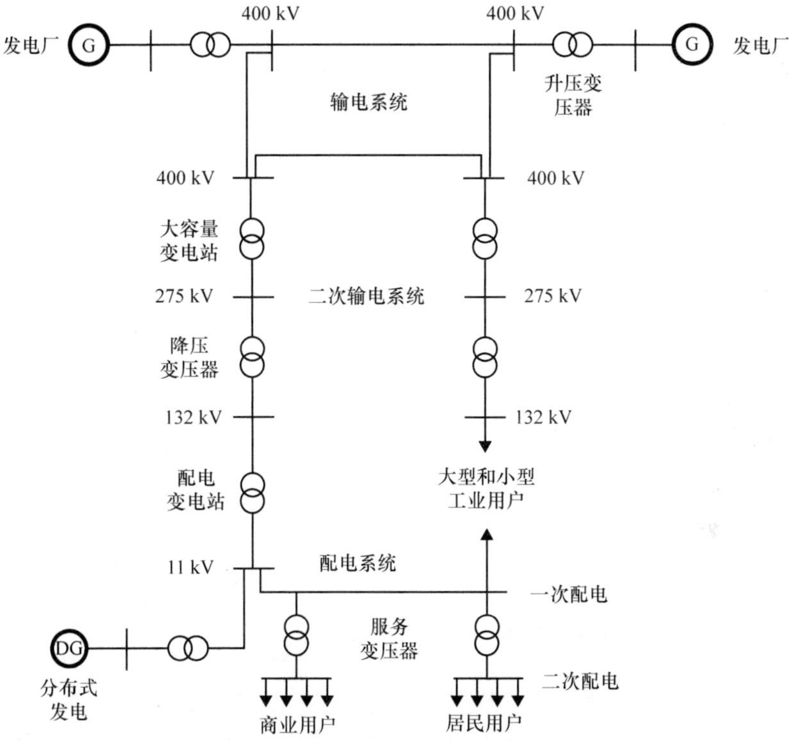

图 3.1　电力传输和分配基础设施的概述[177]

关（OLTC）来调节变压器输出电压的高低。

- 一次配电：包括配电馈线，所有的电源线和支管，在该配电变电站和服务变压器之间，通常为小型工业或大型商业客户供电。
- 电力变压器：负责将输电电压转换为配电环节的供电电压。
- 二次配电：将从变压器引出的电能分配给住宅和商业客户，以满足其用电需求。

出于建模的目的，用分支和节点表示电源线和总线。

3.1.2　定义电力潮流问题

电力系统的终极目标是高效地输送电能。经过全面分析，稳态功率流的研究将成为进一步研究电力系统规划、拓展和经营的基石。电力系统潮流计算的任务是根据给定的运行条件和网路结构确定整个系统的运行状态，如各母线上的电压、网络中的功率分布以及功率损耗等。

在潮流计算中，每个电路节点有四个运行变量，即电压幅值 V、相位角 θ、净有功功率 P 和净无功功率 Q。根据原始数据，电路节点可分为以下几类：

- 松弛节点或平衡节点：这类节点的电压幅值 V 和相角 θ 是给定的，有功功率 P 和无功功率 Q 是待求量。
- 负载节点或 PQ 节点：这类节点的有功功率 P 和无功功率 Q 是给定的，节点电压 V 和相位 θ 是待求量。
- 源节点或 PV 节点：这类节点的有功功率 P 和电压幅值 V 是给定的，节点的无功功率 Q 和电压相位 θ 是待求量。

电力系统由非线性潮流方程表示，可有多种方式求解。其中，节点电压法应用最为广泛。节点电压法的理论基础是基尔霍夫电流定律（KCL）——所有进入某节点的电流的总和等于所有离开该节点的电流的总和。此外，在进行电力潮流计算推导电力系统方程时还需考虑以下几点：

- 三相电路由对称三相电源和三相负载连接组成，具有对称性；
- 假设电气系统在平衡的条件下进行操作，并且由它的正序网络表示；
- 发电机采用恒功率（PQ）模型（节点注入电流），因此，电源的内部导纳不计入节点导纳矩阵；
- 假定该系统每个节点上的负载均为三相平衡负载。

3.1.3　节点公式和导纳矩阵

用节点法进行潮流计算时，节点方程应满足所有流进和流出每个节点的电流之和等于0。这些方程通常表示电力“不匹配”或“残差”和节点 k 有功和无功功率，它们采取以下几种形式：

$$\Delta P_k = P_{Gk} - P_{Dk} - P_{Tk} = P_{Rk} - P_{Tk} = 0 \tag{3.1}$$

$$\Delta Q_k = Q_{Gk} - Q_{Dk} - Q_{Tk} = Q_{Rk} - Q_{Tk} = 0 \tag{3.2}$$

P_{Gk}和 Q_{Gk}分别为发电机在节点 k 输入的有功和无功功率。在设置负载流量时假定这些变量是网络运营商已知的。这个规则仅在松弛节点的情况下失效，这时松弛发生器产生足够的电力供应所需的负载和损失。同时，P_{Dk}和 Q_{Dk}分别是节点 k 有功和无功负载要求下的输入数据。由于发电量和负载可以由电力公用事业提供计量，其净值由供电需求所决定：

$$P_{Rk} = P_{Gk} - P_{Dk} \tag{3.3}$$

$$Q_{Rk} = Q_{Gk} - Q_{Dk} \tag{3.4}$$

因此，潮流方程重点在于计算所输送的有功和无功功率 P_{Tk}和 Q_{Tk}，求出节点电压、网络中的功率分布和功率损耗。为了有效地计算在该行的负载流量，节点电压的精度需要提前设置好。当式（3.1）和式（3.2）等式约束得到满足的时候，就可以得到一个结果。然而，如果节点电压的值不准确，那么流经线路的功率将是不精确的。因此，功率不匹配将不会为0。这就是为什么潮流计算采用数值迭代法，以纠正并减少失配值的差。现代潮流计算的计算机程序是通过对不匹配表达式的迭代求解来减小误差的，迭代后的误差接近于0（如1e－10），即完成迭代。完成计算后可得到关于电力系统稳态运行的重要数据，即状态变量。如果对系统运行的多个周期都进行了潮流计算，那么就可以确定系统的运行状态。

潮流计算的关键步骤是对所有节点进行分类以确定节点导纳矩阵。该矩阵包含网络参数及接线情况。下面以三节点电力系统（见图 3.2）为例来推导节点导纳矩阵，以下几点需要明确：

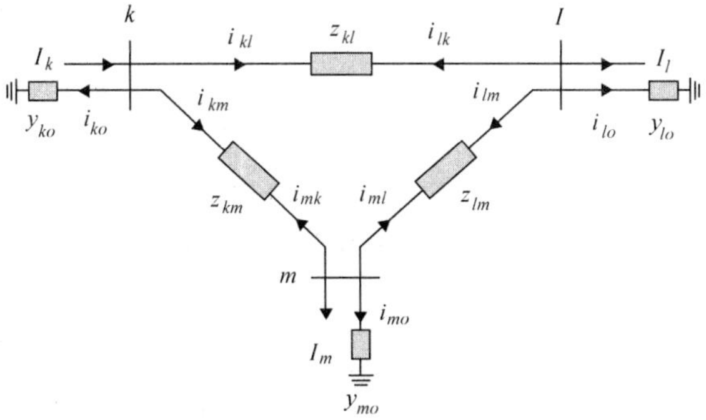

图 3.2　用于推导导纳矩阵的电气试验网络

- 所有的节点电压是以零电位点为基准的相对值；
- I_k、I_l和 I_m是净节点注入电流，分别出现在节点 k、l 和 m 处；
- 尽管节点 k 是松弛节点，节点电流从多个元素（例如发电机）流入系统；
- z_{kl}、z_{lm}和 z_{km}是节点之间的正序阻抗；
- y_{ko}、y_{lo}和 y_{mo}是 π 形网络的正序分流导纳。

导纳值是阻抗值的倒数。由基尔霍夫电流定律（KCL）可得，图 3.2 的系统可由下述方程组表示：

$$I_k = i_{kl} + i_{km} + i_{ko} = y_{kl}(V_k - V_l) + y_{km}(V_k - V_m) + y_{ko}(V_k) \tag{3.5}$$

$$I_l = i_{lk} + i_{lm} + i_{lo} = y_{lk}(V_l - V_k) + y_{lm}(V_l - V_m) + y_{lo}(V_l) \tag{3.6}$$

$$I_m = i_{mk} + i_{ml} + i_{mo} = y_{mk}(V_m - V_k) + y_{ml}(V_m - V_l) + y_{mo}(V_m) \tag{3.7}$$

上述方程组可修改为

$$I_k = (y_{kl} + y_{km} + y_{ko})V_k - y_{kl}V_l - y_{km}V_m \tag{3.8}$$

$$I_l = -y_{lk}V_k + (y_{lk} + y_{lm} + y_{lo})V_l - y_{lm}V_m \tag{3.9}$$

$$I_m = -y_{mk}V_k - y_{ml}V_l + (y_{mk} + y_{ml} + y_{mo})V_m \tag{3.10}$$

因此,矩阵模型的导纳(用大写字母表示）可以定义为

$$Y_{kk} = y_{kl} + y_{km} + y_{ko} \tag{3.11}$$

$$Y_{ll} = y_{lk} + y_{lm} + y_{lo} \tag{3.12}$$

$$Y_{mm} = y_{mk} + y_{ml} + y_{mo} \tag{3.13}$$

$$Y_{kl} = Y_{lk} = -y_{kl} \tag{3.14}$$

$$Y_{lm}=Y_{ml}=-y_{lm} \tag{3.15}$$

$$Y_{km}=Y_{mk}=-y_{km} \tag{3.16}$$

导纳之和可进一步简化节点电流表达式

$$I_k=Y_{kk}V_k+Y_{kl}V_l+Y_{km}V_m \tag{3.17}$$

$$I_l=Y_{lk}V_k+Y_{ll}V_l+Y_{lm}V_m \tag{3.18}$$

$$I_m=Y_{mk}V_k+Y_{ml}V_l+Y_{mm}V_m \tag{3.19}$$

此外，式（3.17）~式（3.19）可以用矩阵表示为

$$\begin{bmatrix} I_k \\ I_l \\ I_m \end{bmatrix}=\begin{bmatrix} Y_{kk} & Y_{kl} & Y_{km} \\ Y_{lk} & Y_{ll} & Y_{lm} \\ Y_{mk} & Y_{ml} & Y_{mm} \end{bmatrix}\begin{bmatrix} V_k \\ V_l \\ V_m \end{bmatrix} \tag{3.20}$$

因此，从第 i 个节点到第 j 个节点的节点电流方程可以用矩阵形式写成

$$\begin{bmatrix} I_i \\ \vdots \\ I_j \end{bmatrix}=\begin{bmatrix} Y_{ii} & \cdots & Y_{ij} \\ \vdots & \ddots & \vdots \\ Y_{ji} & \cdots & Y_{jj} \end{bmatrix}\begin{bmatrix} V_i \\ \vdots \\ V_j \end{bmatrix} \tag{3.21}$$

第 i 个到第 j 个节点的导纳矩阵值可以由下式计算：

$$\boldsymbol{Y}_{\text{node}}=\begin{cases} \text{若 } i=j\text{，则 } Y_{ii}=\sum y \text{ 连接到节点 } i \text{ 的全部导纳总和} \\ \text{若 } i\neq j\text{，节点 } i \text{ 未与节点 } j \text{ 连接，则 } Y_{ij}=0 \\ \text{若 } i\neq j\text{，节点 } i \text{ 未与节点 } j \text{ 连接，则 } Y_{ij}=-y_{ij} \end{cases}$$

因此，式（3.21）的矩阵可以缩写为

$$[\boldsymbol{I}_{\text{node}}]=[\boldsymbol{Y}_{\text{node}}][\boldsymbol{V}_{\text{node}}] \tag{3.22}$$

式中，$\boldsymbol{I}_{\text{node}}$为节点注入电流的矢量。规定流入节点的电流为正，流出的为负。$\boldsymbol{Y}_{\text{node}}$为节点导纳矩阵，它包括两类元素：对角元素 Y_{ii}为节点 i 的自导纳；非对角元素 Y_{ij}为节点 i、j 间的互导纳。$\boldsymbol{V}_{\text{node}}$是相对于该松弛节点计算的节点电压。

由于电网的电流值通常是未知的，需通过节点电压法解出。因此，必须建立节点电流和电压之间的对应关系。对于有 n 个独立节点的网络，节点 k 的注入功率为

$$S_{\text{T}k}=P_{\text{T}k}+\text{j}Q_{\text{T}k}=V_k(I_{\text{T}k})^* \tag{3.23}$$

式中，$(I_{\text{T}k})^*$为节点 k 处注入电流的共轭向量。

Y_{km}、V_k和 $I_{\text{T}k}$可以用直角坐标形式表示为

$$Y_{km}=G_{km}+\text{j}B_{km} \tag{3.24}$$

$$V_k=e_k+\text{j}f_k \tag{3.25}$$

$$I_{\text{T}k}=a_{\text{T}k}+\text{j}b_{\text{T}k}=\sum_{m=1}^{n}(G_{kn}e_n-B_{kn}f_n)+\text{j}(G_{kn}f_n+B_{kn}e_n) \tag{3.26}$$

接着，变量 $P_{\text{T}k}$和 $Q_{\text{T}k}$可以通过电压（3.25）与电流（3.26）的共轭值相乘得到，推导如下：

$$P_{\text{T}k}=e_ka_{\text{T}k}+f_kb_{\text{T}k} \tag{3.27}$$

$$Q_{Tk}=f_k a_{Tk}-e_k b_{Tk} \tag{3.28}$$

如果我们把式（3.1）和式（3.2）代入式（3.27）和式（3.28）联立求解，可以得到失配功率方程为

$$\Delta P_k=P_{Gk}-P_{Dk}-(e_k a_{Tk}+f_k b_{Tk})=0 \tag{3.29}$$

$$\Delta Q_k=Q_{Gk}-Q_{Dk}-(f_k a_{Tk}-e_k b_{Tk})=0 \tag{3.30}$$

当迭代求解器将功率不匹配方程减小到低于某个值或某个用户指定的容许值（ϵ）时，电力潮流计算才算完成，在节点 k 处有

$$|\Delta P_k|\leqslant\epsilon_P \tag{3.31}$$

$$|\Delta Q_k|\leqslant\epsilon_Q \tag{3.32}$$

3.2 天然气网络建模

3.2.1 天然气系统的基本原理

天然气系统通过低压、中压和高压等不同压力等级的燃气管道来输送燃气。这些化石燃料主要是从远离负载中心的天然气井中取得，并运用流体力学原理从一处输送到另一处。类似于电力系统采用的电压分级输送。图 3.3 是天然气从高压设备到低压管网的简化流程图。

天然气输送系统由不同设备组成，可分为以下几类：

- 天然气井：化石燃料资源丰富的地方，类似于油田，可以划分为陆地气井或海上气井。
- 输送管道：负责将天然气在较高的压力下从气井输送到当地的配送公司，或者直接送往燃气电厂或者大型工业用户。
- 压缩机：是将低压气体提升为高压气体的一种从动的流体机械，因为天然气在运输过程中，由于摩擦阻力的存在，压力会下降。压缩机可安装在传输、配送管线上，或储配站附近。
- 储气罐：在非高峰时储气，以缓解高峰时段供气压力的储气装置。即使发生了突发事件，这些设施也可以稳定供气。
- 城市门站：是自长输管线进入城市管网的关键设备，具有调压、计量、加臭、伴热、分配和远程遥测等功能的调压设备。
- 输配管线：作为天然气输配的最后环节，将城市门站的燃气以低压输送给用户，通常也被称为当地分销商（LDZ）。
- 压力调节器：安装在输配网络各处，通过调节气体流速来调节管线压力。因此，压力调节器还可作为压缩机站的补充，协助其达到不同的压力等级以满足用户和配电网运营商（DNO）的需求。
- 阀门：是天然气输送系统中的控制部件，具有截止、调节、导流、防止逆

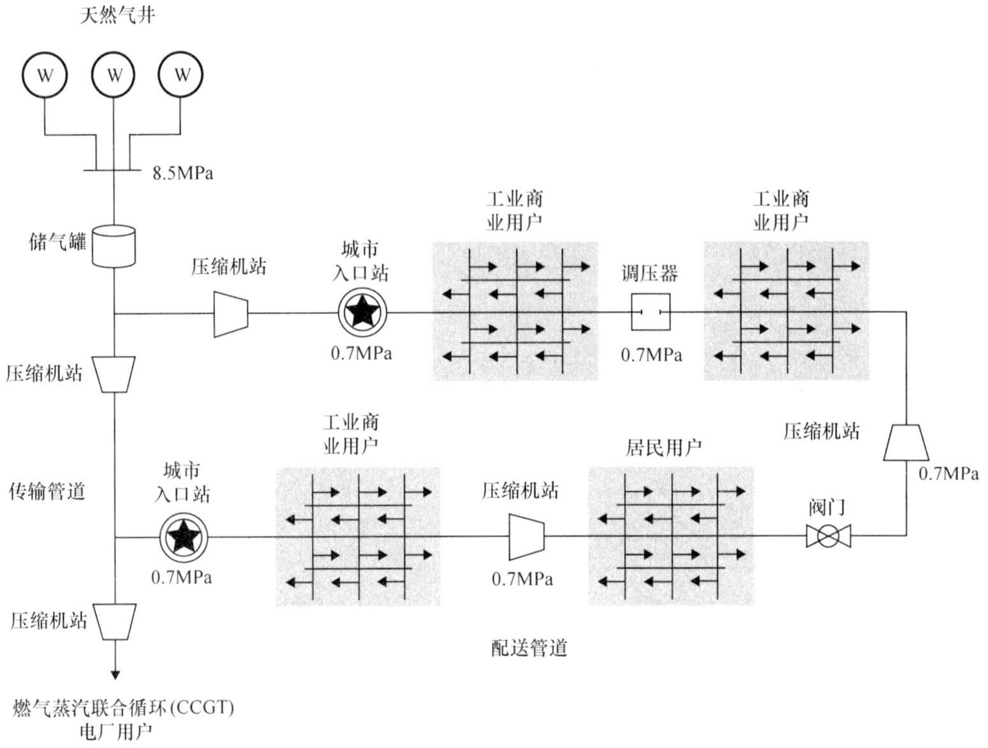

图 3.3 天然气输配基础设施概述[175]

流、稳压、分流或溢流泄压等功能。

就模拟而言，天然气网络的树枝状分布表示管道，节点表示消费点。

3.2.2 定义天然气潮流问题

天然气流经系统管线时，由于管道内部存在摩擦阻力，克服沿途的高低起伏会损耗很多热量，各种形式的热损失会引起管道气体压力减小，造成能量损失。稳态气体流量问题包括根据管道的进口压力和节点流量来计算节点压力和流速。

在这一问题中，已知条件是节点处的负载要求、节点关联矩阵和松弛节点处的压力值。此外，系统中各节点的两个变量，有一个是确定的，即压力 p 或输入流量 F。根据已知数据，气体节点可以分为以下几类：

- 松弛节点或压力节点：可作为系统中其他节点的参考节点，该节点的压力 p 是恒定的，只需要计算输入该节点的流量 F。
- 负载节点：是天然气耗气点，且气流 F 给定，待求量为压力 p。

在一些天然气文献中，已经有许多公式被用于稳态负载流量计算，但没有一个得到学术界或工业界的采纳。这是因为摩擦的影响是难以量化的。类似于电力潮流研究，天然气负载流量问题可由一组非线性方程组表示，该方程组有多种解法。但是为了统一起见，采用基于基尔霍夫电流定律（KCL）的节点分析法来进行气体流量分析。

管道中所有流体方程均由伯努利方程导出，并由管道连接节点 $k-m$ 定义：

$$\frac{p_k}{\rho g}+\frac{w_k^2}{2g}+\rho g h_k=\frac{p_m}{\rho g}+\frac{w_m^2}{2g}+\rho g h_m+hl_{\mathrm{f}} \tag{3.33}$$

上式中的压力 p、速度 w 和高度 h 对应着流体不同形式的能量。同时，ρ 为流体的密度，g 为重力加速度，hl_{f}为两断面之间的沿程水头损失。

在这项工作中，气体流动方程由典型的天然气水力计算公式——威莫斯公式推导而来，适用条件如下：

- 流体不可压缩、不计黏性（黏度为零）；
- 气体的温度保持不变；
- 高度差和气体流速的变化可忽略不计；
- 整个网络中天然气密度为常数；
- 管道各处的摩擦系数固定不变。

3.2.3　节点公式和关联矩阵

燃气管网的节点流量方程必须满足质量守恒定律，即流入某一节点的流量等于流出该节点的流量。节点 k 处的流量公式为

$$\Delta F_k=F_{\mathrm{G}k}-F_{\mathrm{D}k}-F_{\mathrm{T}k}=F_{\mathrm{R}k}-F_{\mathrm{T}k}=0 \tag{3.34}$$

类似于式（3.1）中的电力潮流计算公式，变量 $F_{\mathrm{G}k}$和 $F_{\mathrm{D}k}$分别表示输入流量和所需流量。这些变量是已知的输入数据，通常由网络运营商提供。这说明气体负载流问题的关键是确定所有输送管线的流量 $F_{\mathrm{T}k}$，而 $F_{\mathrm{T}k}$与节点 k 处的压力和摩擦状况有关。

为了解决该气体负载流量问题，首先需要假定节点的压力值。然后，连续校正该近似值，直到结果符合要求。在求解过程中采用的压力值只是真值的估测值，由这些压力值计算出来的注入流量将造成各节点的不平衡，即水力失调。因此，节点流量不平衡是系统中的所有节点的压力的函数。当该压力的计算值与真实值的误差达到一定的精度（如 1e－10）时，这些节点的流量误差也会随之减小。一旦达成解决方案，就可以获得可靠的稳态运行数据。如果对系统运行的多个周期都进行了流量计算，那么就可以确定系统的运行状态。

威莫斯流动方程在各类研究文献中都得到了应用，因为它可以适用于高、中、低压网络。此外，该方程中的水力摩擦系数只与长度和直径相关。这些特性极大地简化了管路和流体之间的相互作用，因为它们不考虑很多其他的因素，如海拔和温

度等。

节点 k 和 m 之间的管程摩擦系数为[171]

$$K_{km}=11.7\times10^{3}\left(\frac{L_{km}}{D_{km}^{5}}\right) \tag{3.35}$$

类似于图 3.2，图 3.4 为三节点的天然气网络，用于推导节点方程。为这个特定系统建立关联矩阵，以下几点需要明确：

- 节点 k 是源和参考节点，具有固定的压力值，因此，该节点面临的需求是独立需求；
- F_k、F_l和 F_m分别为节点 k、l 和 m 处的净流入；
- 节点的流量由多个元素组成，但为简单起见未表示出。

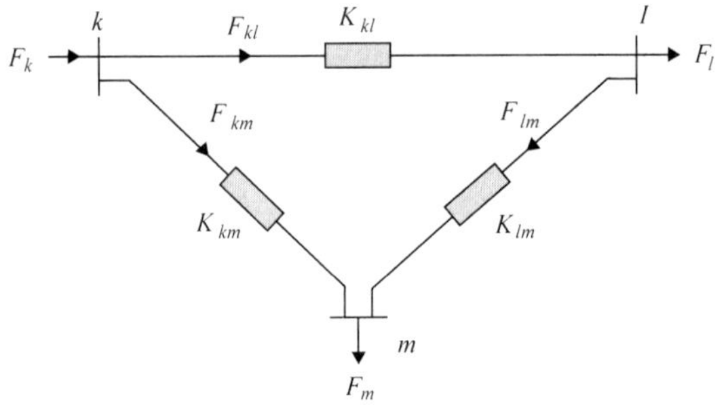

图 3.4　用于推导关联矩阵的简化天然气网络

气体流动是单向的，从一个点移动到另一个，需要连接的节点之间存在压力差。因而，需根据管内相应的摩擦系数来计算压力降。

节点 k 和 m 之间的压力降可以表示为[171]

$$\Delta p_{km}=p_k-p_m=K_{km}F_{km}^{q} \tag{3.36}$$

$$\text{当}\begin{cases}\text{如果是低压网络，则 } q=2\\ \text{如果是中压网络，则 } q=1.848\\ \text{如果是高压网络，则 } q=1.854\end{cases}$$

如果假设是错误的，气流流动方向可能会发生变化，此时，式（3.36）可表示为

$$F_{km}=\sigma_{km}\left[\frac{\sigma_{km}(p_k-p_m)}{K_{km}}\right]^{1/q} \tag{3.37}$$

$$\text{当}\begin{cases}\text{若 } p_k>p_m\text{，则 } \sigma_{km}=1\\ \text{若 } p_k<p_m\text{，则 } \sigma_{km}=-1\end{cases}$$

作为节点－管道关联矩阵，该系统的连接数据在文献中是已知的，对于图 3.4 它的组成如下：

$$\boldsymbol{K}_{\mathrm{np}}=\begin{bmatrix}-1 & 0 & -1\\ +1 & -1 & 0\\ 0 & +1 & +1\end{bmatrix} \tag{3.38}$$

根据习惯，以注入节点的流量为正，得到图 3.4 所示管网的节点方程

$$-F_k=-F_{kl}-F_{km} \tag{3.39}$$

$$F_l = F_{kl} - F_{lm} \tag{3.40}$$

$$F_m = F_{km} + F_{lm} \tag{3.41}$$

由以上方程组可得，由于节点 k 是松弛节点，F_k 前有一个负号，否则无法在 k 处实现节点流量平衡。不过，由于三条支管的流量相加为零，松弛节点项可以消除。消除变量后，上述方程组可表示为以下的矩阵形式：

$$\begin{bmatrix} F_l \\ F_m \end{bmatrix} = \begin{bmatrix} +1 & -1 & 0 \\ 0 & +1 & +1 \end{bmatrix} \begin{bmatrix} F_{kl} \\ F_{lm} \\ F_{km} \end{bmatrix} \tag{3.42}$$

可进一步简化为

$$\boldsymbol{F}_{\text{node}} = \boldsymbol{K}_{\text{rnp}} \boldsymbol{F}_{\text{pipe}} \tag{3.43}$$

式中，$\boldsymbol{F}_{\text{node}}$ 为节点净输入流量，规定流入节点的流量为正，流出的为负；$\boldsymbol{K}_{\text{rnp}}$ 为降阶关联矩阵，未考虑松弛节点；$\boldsymbol{F}_{\text{pipe}}$ 为管路中流量的矢量，是上下游压力的函数。

由于燃气管网中管路流量通常是未知的，故需通过压力降方程求解。因此，管元件中的压力变化与节点的压力值有关，图 3.4 中的压力降可定义为

$$\Delta p_{kl} = p_k - p_l \tag{3.44}$$

$$\Delta p_{lm} = p_l - p_m \tag{3.45}$$

$$\Delta p_{km} = p_k - p_m \tag{3.46}$$

压降方程可以用矩阵形式表示为

$$\begin{bmatrix} \Delta p_{kl} \\ \Delta p_{lm} \\ \Delta p_{km} \end{bmatrix} = - \begin{bmatrix} -1 & +1 & 0 \\ 0 & -1 & +1 \\ -1 & 0 & +1 \end{bmatrix} \begin{bmatrix} p_k \\ p_l \\ p_m \end{bmatrix} \tag{3.47}$$

因此，式（3.47）的一般形式如下：

$$\Delta \boldsymbol{p}_{\text{pipe}} = -\boldsymbol{K}_{\text{np}}^{\text{T}} \boldsymbol{p}_{\text{node}} \tag{3.48}$$

式中，$\Delta \boldsymbol{p}_{\text{pipe}}$ 为管网中压力降的矢量；$\boldsymbol{K}_{\text{np}}^{\text{T}}$ 为节点－支路关联矩阵的转置矩阵；$\boldsymbol{p}_{\text{node}}$ 是网络中的节点压力的矢量。

在式（3.37）的前提下，管道中的流量可以被定义为一组压力降的函数。根据上述公式，将式（3.48）中的压力降矢量与式（3.37）中的管道气流联系起来，得到

$$\boldsymbol{F}_{\text{pipe}} = \zeta(\Delta \boldsymbol{p}_{\text{pipe}}) = \zeta(-\boldsymbol{K}_{\text{np}}^{\text{T}} \boldsymbol{p}_{\text{node}}) \tag{3.49}$$

式中，ζ（$\Delta \boldsymbol{p}_{\text{pipe}}$）是压力降的函数矢量。

然后，式（3.49）可与式（3.43）相结合，建立起系统中的节点压力和节点注入流量之间的关系。因此，节点 k 处的净节点注入流量可确定为

$$F_{\text{T}k} = \boldsymbol{F}_{\text{node}} = \boldsymbol{K}_{\text{rnp}} [\zeta(-\boldsymbol{K}_{\text{np}}^{\text{T}} \boldsymbol{p}_{\text{node}})] \tag{3.50}$$

根据式（3.34）和式（3.50），水力失调方程可表示为

$$\Delta F_k = F_{Rk} - \boldsymbol{K}_{rnp}[\zeta(-\boldsymbol{K}_{np}^{T}\boldsymbol{p}_{node})] = 0 \tag{3.51}$$

当迭代求解器将误差减少到小于某个阈值（如 ϵ）时，气体负载流量计算完成，节点 k 处的求解结果可表示为

$$|\Delta F_k| \leqslant \epsilon_F \tag{3.52}$$

3.3 能源服务网络类比

理解电力和天然气系统的基本特征可以让我们通过类比来促进最优功率流建模框架的发展。这两者之间的类比可分为以下两类：

- 模型组件和变量；
- 牛顿－拉夫逊的迭代求解算法。

3.3.1 部件和变量的建模

在能源服务网络中需要模拟的基本组件是节点和分支；且节点的分类有着相似的特征，如本章详细所述。例如，在燃气管网中，负载节点是已知量，压力值是待求量；因此，它们类似于电力系统中的 PQ 节点。另一方面，压力节点通常被用作松弛点，因为它们的固定压力可作为燃气系统的参考值；这和电力系统中的 PV 节点有相似的特性。此外，除了节点的相似性，进行电力和天然气负载流量计算时考虑的变量也有相似之处。表 3.1 对本书中所讨论的能源服务网络的类似变量进行了分类。

表 3.1 能源网络的变量类比

变量	天然气系统	电力系统
势能	压强（N/m^2）	电压（V）
通量	流量（m^3/s）	电流（A）
功率	压强×流量（W）	电压×电流（W）
功率损失	压强×流量（W）	电压×电流（W）
阻抗	摩擦系数	电阻（Ω）
拓扑结构	关联矩阵	导纳矩阵

流体的热能以测定的热值表示，这反过来又可以定义单位气体燃烧释放的热量。流体的总热值（GHV）与体积流量和功率之间的关系是成正比的，天然气的总热值大约为 96MWh/m^3[174]；因此，在 $k-k$ 和 $m-m$ 断面之间，这三者的关系可表示为

$$G_{km} = \text{GHV} \cdot F_{km} \tag{3.53}$$

在燃气和电力系统中，电势乘以电通量得到功率。因此，热和电功率共享相同的 SI 基本单位（m^2kg/s^3），它等效于（J/s）瓦特，见表 3.2。

表 3.2　SI 热能和电力的基本单位

变量	天然气系统	电力系统
势能	kg/ms^2	m^2kg/s^3A
通量	m^3/s	A
势能 × 通量	$kg/ms^2 \times m^3/s$	$m^2kg/s^3A \times A$
功率	m^2kg/s^3	m^2kg/s^3

虽然电力和天然气系统之间存在一些关键的相似点，但也存在一些重要差异，这些差异主要有[66]：

- 天然气的气体流速一般为 60 ~ 100km/h，而电能的传输速度远快于此。
- 天然气的储存系统是为了满足高峰时期的供气需求，且该技术已发展成熟。但是，电力系统一直无法以合理的成本来获得效果显著的存储容量。
- 由于电力不是可储存的商品，电力系统的经济规模比天然气系统更大。因此，改装电气线路花费昂贵，而与此相反，在天然气系统中，改变管道的操作压力来增加容量较为经济。
- 发生故障导致供应中断时，电力系统（实时监控）的响应速度比天然气系统（定期检查）的要快。

3.3.2　牛顿 - 拉夫逊算法

如第 3.1.3 和 3.2.3 节所述，电力和天然气系统中的稳态流量节点方程需要针对每个问题的特点选择迭代程序来求解。无论采用哪种求解器，都需要迭代直到误差小于某个给定的阈值，通过式（3.1）、式（3.2）和式（3.34）得到符合要求的结果。尽管文献中已经提出了多种求解方法，但能有效缩短计算时间、节省存储空间的方法才具有绝对优势。因此，比较之下，牛顿 - 拉夫逊算法是解决该问题的最佳方法，优于高斯 - 塞德尔算法和哈代 - 克罗斯算法。此外，牛顿算法有较好的收敛性，可以精确地求出方程的近似根；若初值选择估计得当，该方法的优势会更显著。

基于泰勒级数展开的牛顿 - 拉夫逊法采用稀疏矩阵的链式存储结构来获取待分析网络的解析解。

以二维问题为例来简单介绍该技术，其中 x_0 表示未知状态变量集：

$$f(x_0+\Delta x)=f(x_0)+f'(x_0)\Delta x+\frac{f''(x_0)\Delta x^2}{2!}+\cdots=0 \tag{3.54}$$

如果每次迭代的结果充分接近其前一次迭代的结果，则保留一阶导数，忽略其余高阶项。

$$f(x_0+\Delta x)=f(x_0)+f'(x_0)\Delta x=0 \tag{3.55}$$

因此，变量 Δx 要使 $f(x_0+\Delta x)$ 接近 0：

$$\Delta x=-[f'(x_0)]^{-1}f(x_0) \tag{3.56}$$

式中，$[f'(x_0)]^{-1}$ 是一阶偏导数，并普遍被称为雅可比（J）矩阵。

对上式进行简化，第 i 次迭代可以表示为

$$\Delta x^{i+1} = -[J^i]^{-1} f(x_0^i) \tag{3.57}$$

一旦状态变量的变化开始计算，状态变量的迭代逼近可以被更新为一个函数，该函数为前次迭代结果加上一个修正值，可表述为

$$x_0^{i+1} = x_0^i + \Delta x^{i+1} \tag{3.58}$$

重复以上计算，直到 Δx 满足一定的精度ϵ，式（3.31）、式（3.32）和式（3.52）为电力和天然气系统计算的精度要求。因此，为了采用牛顿－拉夫逊算法来解决负载计算问题，能源服务网络中的相关表达必须以形如式（3.56）的方程形式给出。

3.3.2.1 电力系统的雅可比矩阵

在电力系统潮流计算中，式（3.56）中的状态变量 x_0 表示节点电压的幅值和相角。由此，牛顿－拉夫逊算法可表示为以下的矢量形式：

$$\begin{bmatrix} \Delta\theta \\ \Delta\boldsymbol{V}/\boldsymbol{V} \end{bmatrix} = -\begin{bmatrix} \dfrac{\delta P}{\delta\theta} & \dfrac{\delta P}{\delta V/V} \\ \dfrac{\delta Q}{\delta\theta} & \dfrac{\delta Q}{\delta V/V} \end{bmatrix}^{-1} \begin{bmatrix} \Delta\boldsymbol{P} \\ \Delta\boldsymbol{Q} \end{bmatrix} \tag{3.59}$$

对于电力系统，雅可比矩阵的元素个数为 PQ 节点数的 2 倍加上 PV 节点再减去平衡节点数。需注意的是，由于雅可比矩阵元素乘了 V，修正项 ΔV 应除以 V 以保持方程的平衡。这实际上是对微分项的简化计算。

通过输入节点的连接数据 $\boldsymbol{H}$、$\boldsymbol{N}$、$\boldsymbol{J}$ 和 $\boldsymbol{L}$ 来形成雅可比矩阵，以式（3.59）为例，变化后的表达式为

$$\begin{bmatrix} \Delta\boldsymbol{P} \\ \Delta\boldsymbol{Q} \end{bmatrix} = \begin{bmatrix} \boldsymbol{H} & \boldsymbol{N} \\ \boldsymbol{J} & \boldsymbol{L} \end{bmatrix} \begin{bmatrix} \Delta\theta \\ \Delta\boldsymbol{V}/\boldsymbol{V} \end{bmatrix} \tag{3.60}$$

如3.1.3 节所述，电力系统中电压、导纳、电流的参数被用来建立雅可比矩阵。因此，式（3.24）～式（3.26）是当元素 km 将节点 k 与 m 相连时所需考虑的。在节点分类的基础上，描述雅可比矩阵之前必须清楚哪些条目是必需的。

表 3.3 基于节点分类的雅克比矩阵非对角线元素

	PV 节点 m	PQ 节点 m
PV 节点 k	H_{km}	H_{km}，N_{km}
PQ 节点 k	H_{km}，J_{km}	H_{km}，N_{km}，J_{km}，L_{km}

矩阵对角线上的元素可以有一个或者四个，这取决于节点 k 的分类是 PQ 节点还是 PV 节点。如果节点 k 是一个 PV 节点，那么无功功率将是未知的，这种情况下，ΔQ_k是不必要的并可以忽略条目 J_{kk} 和 L_{kk}。类似地，由于该类型的节点的电压幅值是固定的，输入 N_{kk}可以省略。因此，一台发电机节点有单一输入 H_{kk}。如果节点 k 是一个负载节点，那么应把 H_{kk}、N_{kk}、J_{kk}和 L_{kk}这四个元素都考虑进来。另一方面，非对角线元素是一个、两个还是四个，取决于它们在网络中的节点类型。总之，表 3.3 通过分类给出了建立 km 输入[176]时可能出现的其他选择项。

总体而言，建立一阶偏导数时可能会有两种情况：$k=m$ 和 $k\neq m$，分别表示自

感和互感时的雅可比条件。

$k=m$ 时：

$$H_{kk}=\frac{\delta P_k}{\delta\theta_k}=-V_k^2B_{kk}-Q_{\mathrm{T}k} \tag{3.61}$$

$$N_{kk}=\frac{\delta P_k}{\delta V_k/V_k}=V_k^2G_{kk}+P_{\mathrm{T}k} \tag{3.62}$$

$$J_{kk}=\frac{\delta Q_k}{\delta\theta_k}=-V_k^2G_{kk}+P_{\mathrm{T}k} \tag{3.63}$$

$$L_{kk}=\frac{\delta Q_k}{\delta V_k/V_k}=-V_k^2B_{kk}+Q_{\mathrm{T}k} \tag{3.64}$$

$k\neq m$ 时：

$$H_{km}=\frac{\delta P_k}{\delta\theta_m}=f_ka_{km}-e_kb_{km} \tag{3.65}$$

$$N_{km}=\frac{\delta P_k}{\delta V_m/V_m}=e_ka_{km}+f_kb_{km} \tag{3.66}$$

$$J_{km}=\frac{\delta Q_k}{\delta\theta_m}=-e_ka_{km}-f_kb_{km}=-N_{km} \tag{3.67}$$

$$L_{km}=\frac{\delta Q_k}{\delta V_m/V_m}=f_ka_{km}-e_kb_{km}=H_{km} \tag{3.68}$$

一旦式（3.31）和式（3.32）都满足时，节点 k 的状态变量可作最后一次更新；第 i 次迭代的表达式类似于式（3.58）：

$$V_k^{i+1}=V_k^i\left[1+\left(\frac{\Delta V_k}{V_k}\right)^{i+1}\right] \tag{3.69}$$

$$\theta_k^{i+1}=\theta_k^i+\Delta\theta_k^{i+1} \tag{3.70}$$

在电压幅值和相角被确定后，有功和无功功率也随之确定。最后，随后获得有功和无功功率流。最后，一旦算出输电线上的功率和损耗，即可确定松弛节点处的净注入功率。图 3.5 为电力系统潮流计算的基本算法流程图。

3.3.2.2　天然气系统的雅可比矩阵

对于天然气流量负载，式（3.56）中的状态变量 x_0 表示节点处的压力幅值。因此，牛顿－拉夫逊算法可以由下列向量关系式表示：

$$[\Delta\boldsymbol{p}]=-\left[\frac{\delta F}{\delta p}\right]^{-1}[\Delta\boldsymbol{F}] \tag{3.71}$$

天然气网络的雅可比矩阵元素数量取决于负载节点数，松弛节点不计入。天然气系统中流量和管压降的相关项被用来建立雅可比矩阵；该表达式采用以下形式：

$$\boldsymbol{J}=-\boldsymbol{K}_{\mathrm{rnp}}\boldsymbol{D}\boldsymbol{K}_{\mathrm{rnp}}^{\mathrm{T}} \tag{3.72}$$

上式的积说明该雅可比矩阵为对称方阵，其中 $\boldsymbol{D}$ 代表对角矩阵，并且对于管道 km 它可以表示为[171]

$$\boldsymbol{D}=\mathrm{diag}\left(\frac{1}{q}\cdot\frac{F}{\Delta p}\right) \tag{3.73}$$

建立第一个偏导数时，会出现两种情况：对角线和非对角线元素。首先，该矩阵的对角元素都与一个特定的负载点相关，并由与该点相连的全部管道的 $F/\Delta p$ 表达式总和组成。其次，每个非对角线元素与节点之间的连接相关，由连接两个节点的分支的表达式 $-F\ \Delta p$ 组成。所以，对角线上的分量总是正的，同时，非对角线上的分量总是负的。

一般情况下，一旦不匹配项（3.52）满足时，节点 k 的状态变量可作最后一次更新；第 i 次迭代的表达式类似于式（3.58）：

$$p_k^{i+1} = p_k^i + \Delta p_k^{i+1} \tag{3.74}$$

一旦确定了压力值，就可以随之确定管道流量。最后，计算得出管路能量损失和松弛节点处的净注入流量。类似于图 3.5，图 3.6 为基于牛顿-拉夫逊算法的天然气潮流计算流程图。

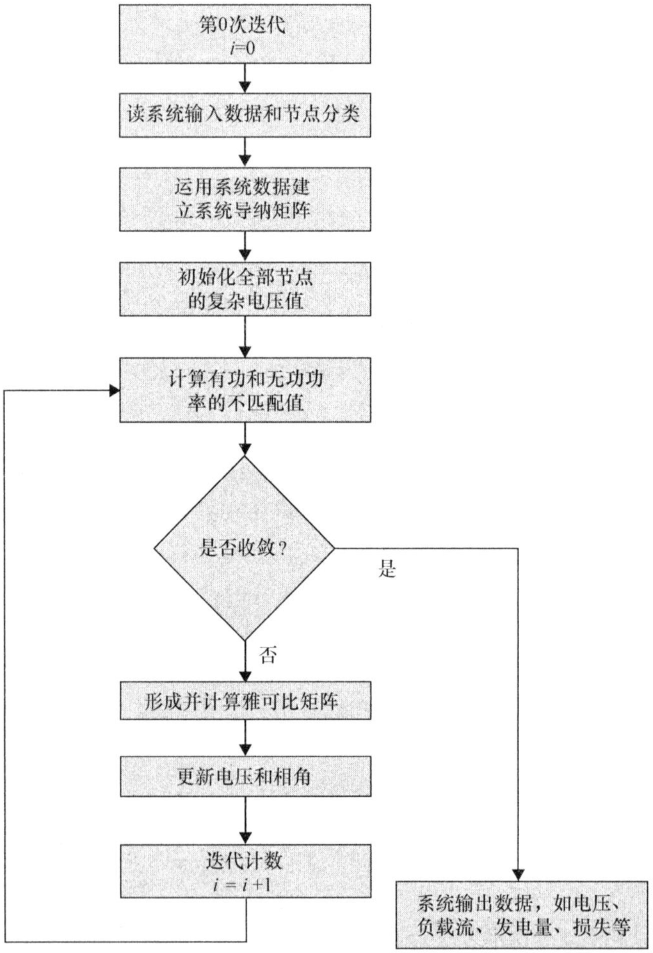

图 3.5　基于牛顿-拉夫逊算法的电力潮流计算流程图

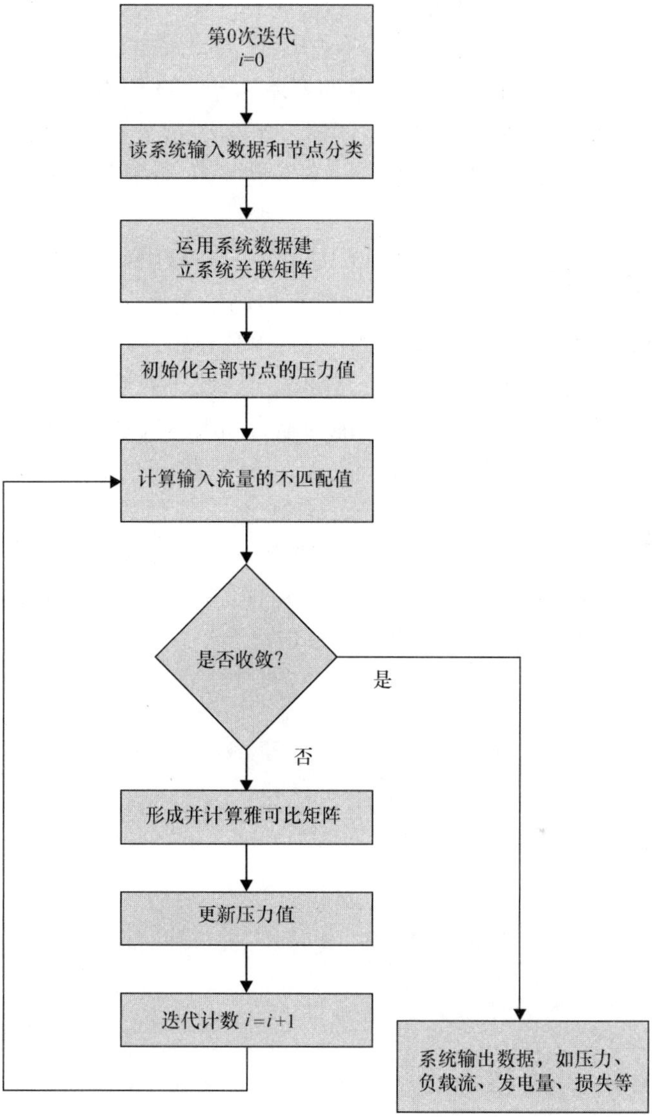

图 3.6　基于牛顿－拉夫逊算法的天然气潮流计算流程图

3.3.2.3　潮流总结

如图 3.5 和图 3.6 所示，基于牛顿－拉夫逊算法的电力和天然气系统潮流计算存在着惊人的相似之处。类似地，采用节点分析法来建立两个系统潮流计算的方程，也有很多共通之处。因此，对于节点 k，总结式（3.1）、式（3.2）、式（3.34）所表述的主要制约因素是十分重要的，这些制约因素为 TCOPF 建模带来平衡，这些方程可以重新定义如下：

$$\Delta P_k = P_{Gk} - P_{Dk} - P_{Tk} = 0 \tag{3.75}$$

$$\Delta Q_k = Q_{Gk} - Q_{Dk} - Q_{Tk} = 0 \tag{3.76}$$

$$\Delta G_k = G_{Gk} - G_{Dk} - G_{Tk} = 0 \tag{3.77}$$

在本文的其余部分使用的关于功率的基本术语，P 为有功功率，Q 为无功功率，G 为热功率（即流量乘以 GHV）。同时，下标表示节点 k 处注入功率的类型；可能是发电 G，需求 D，或者是传输 T。对于进一步的细节，请参阅本书文前的“符号”部分。

现在流量负载问题可以使用许多数学建模工具进行编码，例如 Matlab™，附录 C 和 D 为用 gPROMS™模拟的电力和天然气辐射网络潮流计算的案例。

通过学习和理解如何对能源服务网络进行单独建模，应用类比的方法有助于建立一个通用的框架来解决集成的负载流量问题。因此，当代表热电联产技术的方程被引入电力和天然气负载流分析时，就能为电力和天然气系统潮流计算搭建一个统一的研究框架。然而，仅包括热电联产技术，该模型对于能源服务网络之间相关性的评估能力还是相当有限。换句话说，仍需考虑其他控制变量来完善集成的 TCOPF 建模工具。因此，如果建模框架考虑更多的自由度，将有助于进一步增加工具的适用性。所以，除了热电联产机组，本书也对分接开关、压缩机站和 PHEV 等进行了分析，它们的数学表示将在下一章讨论。

第4章　能源服务网络中嵌入式技术的建模

在运用节点-分支理论进行电力和天然气系统潮流研究的基础上，我们还应考虑更多因素来完善能源服务网络的系统建模。通过方程式来表示嵌入式技术，分析TCOPF工具就可以使用这些控制变量来优化基础设施中的能量流动。因此，本章着重于扩展第3章所述的建模框架。本章中的嵌入式技术可分为两大类：

- 控制装置：分别考虑电力和天然气网络的有载分接开关（OLTC）和压缩机站。
- 分布式能源技术：包括热电联产（CHP）和插电式混合动力汽车（PHEV）技术及其各自的储热和储电装置。

本章首先解释了如何对电气系统中复杂的有载分接开关进行建模，其次介绍了天然气系统的压缩机装置建模。随后，描述了热电联产和PHEV装置，并重点强调了随之而来的存储问题，结合综合潮流问题进行了讨论。当为控制机制与分布式能源的展示奠定统一的基础后，就创造了一个探索运营优劣势以及新技术与能源服务网络相互关系的机会。

4.1　有载分接开关（OLTC）变压器的建模

4.1.1　OLTC变压器的基本原理

配电网运营商（DNO）担心，径向配电网可能出现显著的电压降，造成直接的功率损耗。电力损耗是电力传输不可避免的结果，DNO需要调整电力损耗的大小。正如表4.1和图4.1所示，所述电功率损耗是两个节点的电压差和流经电源线的电流之间的乘积。这意味着，随着电能从变电站输送到降压变压器，主馈线系统的电压值会降低。此外，电压降也会受到连接的负载和它的性质（即功率因数）的影响，这是因为较高的功率需求，需要更大的电流。换句话说，当线路阻抗值保持恒定，电压降与负载的变化成正比。为了解决这个问题，该电压可以通过各种自动机制来调节，最常见的是用OLTC装置[177]来调节。

OLTC是一种为变压器在负载变化时提供恒定电压的开关装置，其对保证系统和用户的电压质量、减少功率损耗起到了重要的作用。DNO和监管部门旨在将电压值的变化控制在电网允许范围内，通常为额定工作电压值[179]的±6%左右。

配电网电能损耗量受技术特性和操作特性的影响；在英国的平均损失是7%。然而，进一步的调查显示，2001年DNO的损失指标在不同的地区有很大的不同；

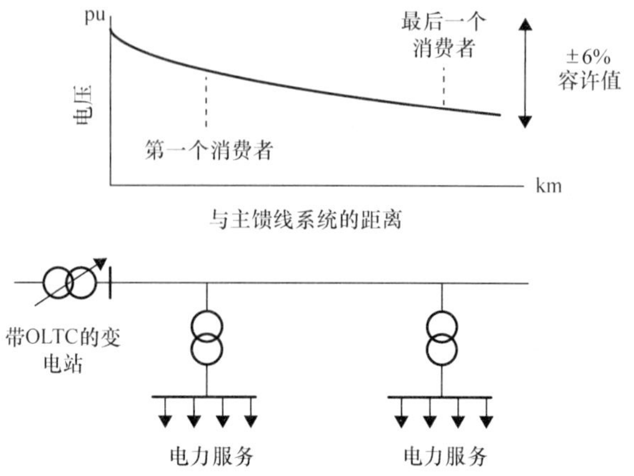

图 4.1　配电馈线上的电压降[178]

相关数据见表 4.1[180]。

表 4.1　英国 DNO 电功率损失

DNO 公司	1990/1991 年	1995/1996 年	2000/2001 年
东部电业局	7.0	6.9	7.1
中东部电业局	6.6	6.1	6.0
水电电业局	9.3	8.9	9.1
伦敦电业局	7.8	6.7	7.3
默西河和北威尔士电业局	9.8	8.8	9.1
北部电业局	7.5	6.8	6.6
西北电业局	7.1	4.8	6.2
苏格兰电业局	8.5	6.7	7.2
东南电业局	7.9	7.1	7.6
南方电业局	7.1	7.2	7.2
南威尔士电业局	8.9	6.7	7.2
西南电业局	8.6	7.2	7.9
约克郡电业局	6.3	6.5	6.6
平均值	7.6	6.7	7.0

网络的损耗往往会增加经营电网的成本，为了减少网络的损耗，在必要时，DNO 普遍使用控制装置，如 OLTC。正如其名称所暗示的，OLTC 可以在不中断负载电流的情况下，实现变压器绕组中分接头之间的切换。在实践中，配电系统在变压器中采用分接调压机制，以使一系列的电压幅值调整在其中一个终端完成。这种调整是通过改变变压器的电压比，即相对于输出绕组电压幅值，产生可变的电压幅值，最终实现调压的目的。

如今，OLTC 装置的一些基本要求包括[182]：

- 低投资成本和最少的维修费用；

- 可靠性高，绝缘强度高；
- 具有承受过载和故障电流的能力；
- 电气寿命和机械寿命较长。

图 4. 2 展示了一般位于变压器油箱内并悬挂在变压器箱盖的 OLTC 装置和其他不同的部件。OLTC 由位于变压器旁边的电动机驱动机构驱动，通过转轴和齿轮传动。

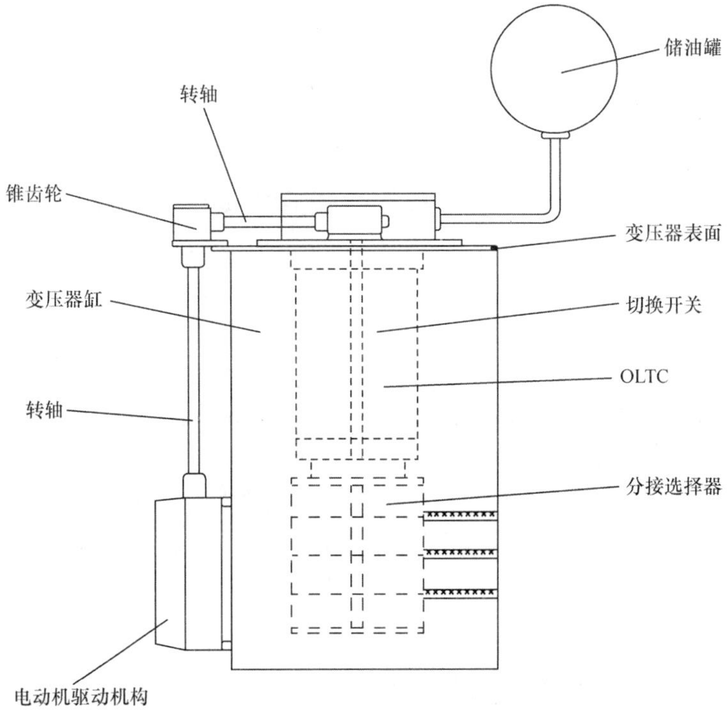

图 4. 2　OLTC 原理图（ABB 公司提供）[183]

4. 1. 2　OLTC 模型方程

理想变压器连接了节点 k 和 m，取图 4. 3 中所示作为参考，以建立电压和电流之间的关系。

首先，理想变压器节点 k 和 m 的端子间电压比可以详述为

$$\frac{V_k}{V'_k}=\frac{1}{|t|\angle\tau} \tag{4.1}$$

$$S_{\text{primary}}=S_{\text{secondary}} \tag{4.2}$$

$$V_k I_{km}^*=V'_k(I'_{km})^* \tag{4.3}$$

联立式（4. 1）与式（4. 3）可得，OLTC 装置的复杂控制变量为

$$|t|\angle\tau=\frac{V'_k}{V_k}=\frac{I_{km}^*}{(I'_{km})^*} \tag{4.4}$$

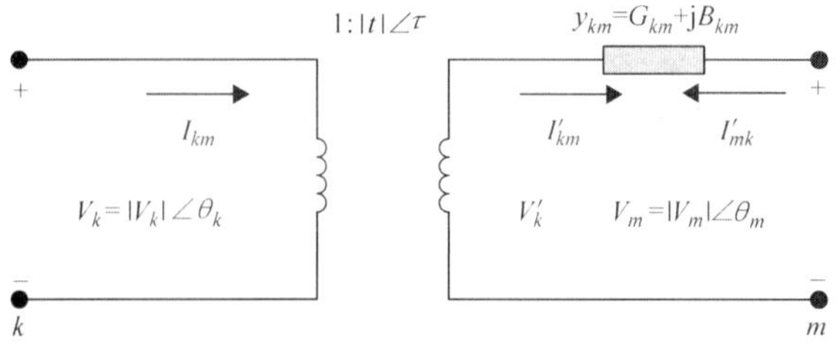

图 4.3　一个 OLTC 变压器的示意图[182]

根据上述表达式，从节点 k 流向节点 m 的复杂功率流可表示为

$$S_{km}=V_kI_{km}^*=V_k|t|\angle\tau(I'_{km})^* \tag{4.5}$$

$$S_{km}=V_k|t|\angle\tau(V'_k-V_m)^*y_{km}^*=V_k|t|\angle\tau(V_k|t|\angle\tau-V_m)^*y_{km}^* \tag{4.6}$$

$$S_{km}=[|V_k|^2|t|^2-|V_k||V_m||t|\angle(\theta_k-\theta_m+\tau)](G_{km}-\mathrm{j}B_{km}) \tag{4.7}$$

将式（4.7）中的有功和无功功率流分离，可以推导出

$$\begin{aligned}P_{km}=&+|V_k|^2|t|^2G_{km}-|V_k||V_m||t|G_{km}\cos(\theta_k-\theta_m+\tau)\\&-|V_k||V_m||t|B_{km}\sin(\theta_k-\theta_m+\tau)\end{aligned} \tag{4.8}$$

$$\begin{aligned}Q_{km}=&-|V_k|^2|t|^2B_{km}-|V_k||V_m||t|G_{km}\sin(\theta_k-\theta_m+\tau)\\&+|V_k||V_m||t|B_{km}\cos(\theta_k-\theta_m+\tau)\end{aligned} \tag{4.9}$$

以类似的方式，对式（4.5）~式（4.7）进行变换，可得到从节点 m 到节点 k 的复杂功率

$$S_{mk}=V_m(I'_{mk})^*=V_m(-I'_{km})^* \tag{4.10}$$

$$S_{mk}=-V_m(V'_k-V_m)^*y_{km}^*=-V_m(V_k|t|\angle\tau-V_m)^*y_{km}^* \tag{4.11}$$

$$S_{mk}=[|V_m|^2-|V_m||V_k||t|\angle(\theta_m-\theta_k-\tau)](G_{km}-\mathrm{j}B_{km}) \tag{4.12}$$

式（4.12）类似于式（4.7）；因此，从节点 m 到 k 的有功功率和无功功率流分别为

$$\begin{aligned}P_{mk}=&+|V_m|^2G_{km}-|V_m||V_k||t|G_{km}\cos(\theta_m-\theta_k-\tau)\\&-|V_m||V_k||t|B_{km}\sin(\theta_m-\theta_k-\tau)\end{aligned} \tag{4.13}$$

$$\begin{aligned}Q_{mk}=&-|V_m|^2B_{km}-|V_m||V_k||t|G_{km}\sin(\theta_m-\theta_k-\tau)\\&+|V_m||V_k||t|B_{km}\cos(\theta_m-\theta_k-\tau)\end{aligned} \tag{4.14}$$

有源功率元件 km 的损失通过式（4.8）和式（4.13）求和可以得到。同样，由式（4.9）和式（4.14）可以得到无功功率差值。

$$\begin{aligned}P_{Lkm}=&+|V_k|^2|t|^2G_{km}+|V_m|^2G_{km}\\&-2G_{km}|V_k||V_m||t|\cos(\theta_k-\theta_m+\tau)\end{aligned} \tag{4.15}$$

$$\begin{aligned}Q_{Lkm}=&-(|V_k|^2|t|^2+|V_m|^2)B_{km}\\&+2B_{km}|V_k||V_m||t|\cos(\theta_k-\theta_m+\tau)\end{aligned} \tag{4.16}$$

从式（4.15）和式（4.16）可以看出，抽头大小 $|t|$ 和相移角 τ 变量两者都

具有改变元件 km 的损失的能力。

由于大多数装置连接到电力系统产生或消耗无功功率，阐明变量 Q_{Lkm} 的意义是非常重要的。一些装置通过电流产生的“磁场”来储能，可以吸收无功功率；而另外一些装置通过“电场”来储能，可以产生无功功率。因此，根据上述规则，元件 km 的无功功率值具有明确的含义：

$$\begin{cases}\text{如果 } Q_{Lkm}>0\text{，那么无功功率被元件 } km \text{ 吸收}\\ \text{如果 } Q_{Lkm}<0\text{，那么无功功率由元件 } km \text{ 提供}\end{cases}$$

附录 E 记载了 OLTC 元件 km 有功无功流计算时的一阶、二阶偏导数的细节。考虑到电力网络中分接开关机制的存在，这些项有助于构建优化能流方程。

一旦 OLTC 方程被引入 TCOPF 模型，这类控制装置对电网的影响就能被量化分析，从而可以提供可能影响电压调节策略的数据。例如，当分布式能源技术大量出现，电网运行可能出现的主要隐患是电压上升，而 OLTC 有能力缓解电压的上升。有效协调分布式电源和电压调节控制器两者之间的平衡是建立智能电网的关键。

4.2　压缩机站建模

4.2.1　压缩机站的基本原理

天然气在管道中输送时，由于摩擦，流体会损失部分能量，能量损失如式（3.35）所示。沿程阻力会带来输送压力降，造成功率损耗。因此，天然气系统采用提高输气压力的方法来提高输送效率。在不同的位置和压力下，压缩机站的功能受到诸多因素的影响，如工作管道的压力、功率以及地质条件[170]。如图 4.4 所示，如同在电气系统中必须仔细监测电压一样，天然气系统需要密切监测其网络中的压力值。当压力水平接近设定值（一般在 ±10 % 左右[184]）时，就有必要激活压缩机。

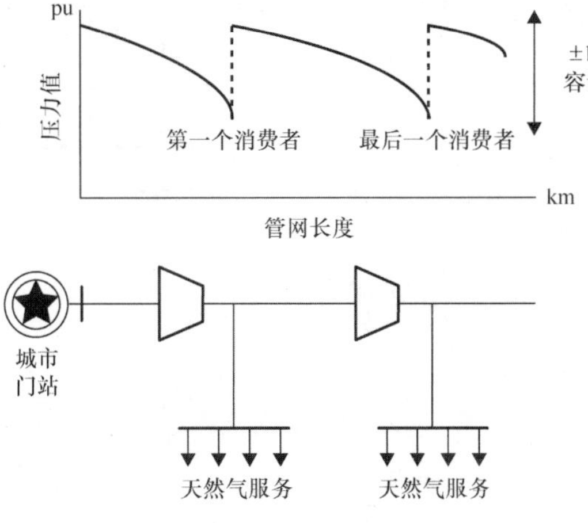

图 4.4　输配管网的压力降[174]

与电网相比，理论上讲不需要电力去控制一个特定的电压，但气压的调节需要电力。因此，当燃气管网工作时，压缩机的负载与流体压力和体积流率成正比。因此，压缩机需要大量的电力来提高整个管网的压力。虽然蒸汽和电力也可供能，但考虑到输送的介质为天然气，压缩机一般由燃气轮机供能。

在英国，天然气输电网运营商（DNO）声称当地分销商（LDZ）的功率损耗为2% ~3%，而其泄漏率约为1%[185]。在天然气行业，压缩机一般分为三类[175]：

- 喷气式压缩机：通常用于吸收和排放压力均不会随时间明显变化的天然气井和油井。
- 离心式压缩机：适用于“径向流”，因此常见于压力差一般不高的输配系统中。
- 往复式压缩机：由于其运动部件多，结构复杂，效能普遍低于离心式压缩机，相对应用得较少。

除了合适的机房之外，压缩机站还包括过滤器、发动机的水冷系统、润滑油滤清器、安全保护装置、备用发电机、仪表以及远程控制装置。

图4.5描绘了一台离心式压缩机的基本构造和内部工作原理。这些部件一般都达到了99%以上的机械效率，但是其绝热效率仍会随着制造类型的不同而不同。

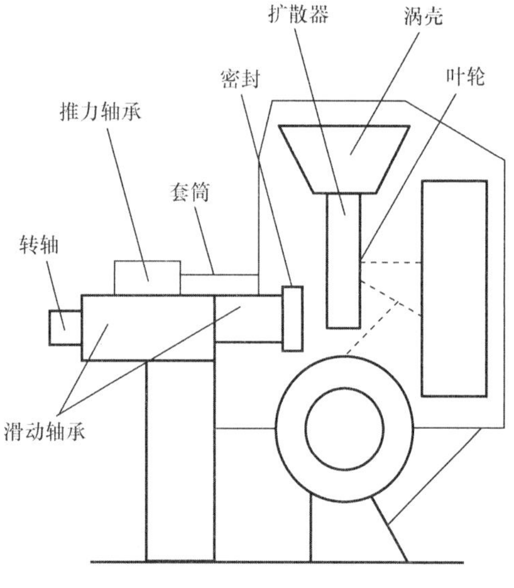

图4.5 压缩机工作原理图[175]

离心式压缩机具备的一些重要特征[171]：

- 活动部件少，维护成本低；
- 操作无需液冷处理；
- 输气量大而连续，运转平稳。

离心式压缩机工作时，叶轮高速转动将气体输送到扩散器中，气流速度降低，其动能被转化成静态压力，增加液流出口势能。此类压缩机由带流道的壳体、固定在叶轮上的转轴、轴承和密封圈组成，以防止气体沿轴向泄漏。

4.2.2 压缩机模型方程

根据上一节介绍的压缩机的特点，工作中的压缩机可被模型化为气体系统中的额外负载。因此，用于天然气管网压缩机分析的主要方程采用马力负载，这是一个与气体流过控制装置的量以及吸入点和排出点之间的压力差有关的函数。

图 4.6 展示了位于节点 k 的压缩机。变量 G_{km} 表示流量为 F_{km} 的流体对应的热功率，与流体的总热值（GHV）成正比。将式（3.37）和式（3.53）联立，则流过低压管 km 的热效率可以表示为

$$G_{km} = \text{GHV} \cdot \left[\frac{p_{k2} - p_m}{K_{km}}\right]^{1/2} \tag{4.17}$$

工作中压缩机消耗的功率可用方程表示为[174]

$$G_{Dk}^{\text{com}} = K_k^{\text{com}} \cdot G_{km}(p_{k2} - p_{k1}) \tag{4.18}$$

式（4.18）决定了压缩机的负载需求 G_{Dk}^{com}，以热功率衡量且是入站和出站压力的函数，分别以 p_{k1}、p_{k2} 表示。同样地，压缩机负载也会受到装置的流速 G_{km} 和压缩机的效率因子 K_k^{com} 的影响。

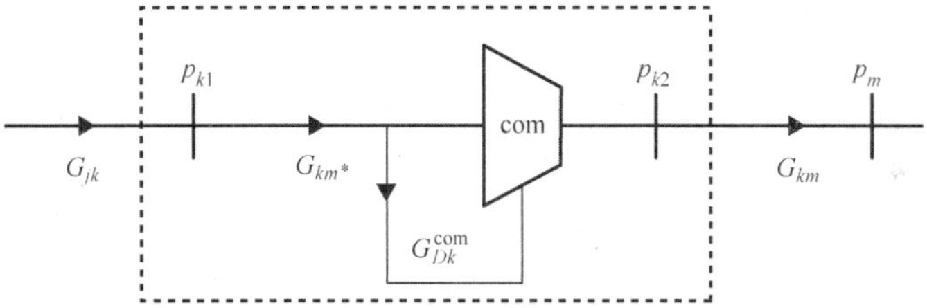

图 4.6　天然气管道与压缩机站示意图[129]

压缩机在节点 k 的运行率为

$$p_{k2} - (R_k^{\text{com}} \cdot p_{k1}) = 0 \tag{4.19}$$

式（4.19）限定了压缩比，从而限制了增压的幅值；调压方法类似于电网中的变压器抽头。

这些建模方程被引入 TCOPF 框架后，无论压缩机的位置处在哪里，都有助于确定它们对调节压力水平的影响程度。例如，在研究热电联产装置时，还需明确压缩机站在保证燃气充足供应上所起到的作用。以天然气为燃料的分布式电源和压缩机控制器必须有效协调起来，充分发挥它们的优势。

4.3　热电联产技术建模

4.3.1　热电联产机组的基本原理

现今，人们一般通过从当地电网购买电力或在锅炉中燃烧燃料来满足电力和热力需求。然而，通过热电联产方案来供能可以大大节省燃料的消耗。热电联产指的是“在靠近消费端，以高效率同时提供热能和电能的过程[76]”。相对于分别产生电和热的常规方式，不仅提高了产能效率，也减少了温室气体的排放。

对于电力和天然气 DNO，在他们的基础设施中纳入热电联产机组可能会有以

下影响[186]：

- 增加保护方案，提高供应可靠性；
- 改变天然气和电力输送成本；
- 减少电力输送损失；
- 增加天然气输送损失；
- 密切监视运行变量（如电压和压力）。

热电联产系统涉及多种容量、应用、燃料和技术。其最简单的形式，采用了内燃机驱动交流发电机，所得电力能够全部或部分在现场使用。发电过程中产生的热量通常由一个余热回收锅炉回收，热量可以用来产生蒸汽并用于加热水或供暖等多种用途。

如今，有几项转换技术可以转换燃料中存储的化学能，并为热电联产提供服务。热电联产机组包括往复式发动机、微型燃气轮机、斯特林发动机和燃料电池。图 4.7 概述了几种目前可用或已处于研发中的主要热电联产技术的能量转换步骤。在所有这些技术中，如今往复式发动机是最成熟的，尤其是在工业场所，因为往复式发动机可靠性高，燃料适应性好。然而，随着技术和经济规模的发展，微型燃气轮机更具吸引力，因其目标是为一个新消费群体提供热能与电能。因此，微型热电联产装置更适合住宅和商业应用，通常具有低于 $100kW_{el}$ 的电容量，可低至 $1kW_{el}$[59]。

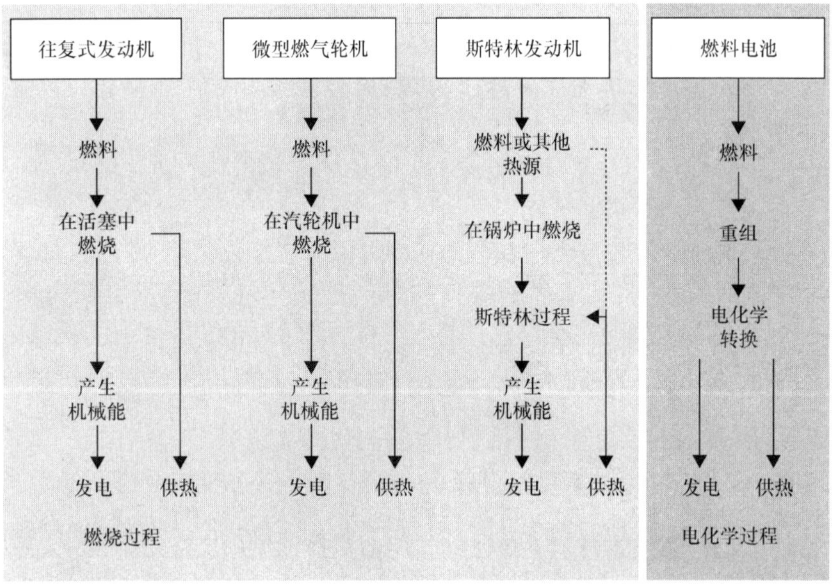

图 4.7 热电联产技术中获得电和热的步骤概述

尽管斯特林发动机比往复式发动机的电机效率低，但其噪声小、使用寿命长，更适用于家用。大体上来说，由于其可靠的性能，往复式和斯特林发动机技术是使用最广泛的，在市场上广受欢迎。同时，微型燃气轮机还尚未成功实现小规模的应用，预计以燃料电池为基础的微型热电联产系统几年以后才会投放市场。在这样的背景下，本书主要介绍热电联产技术在住宅和小型企业中的应用；因此，它们和供应一个地区或者城市的系统是有区别的。所以，术语热电联产和微型热电联产在本文中是可以互换的。

理解住宅中电和热量之间的关系以及微型热电联产系统可以起到的作用是至关重要的。因此，图 4. 8 和图 4. 9 分别描绘了通过常规方法和微型热电联产系统提供电力和热水的两种情况。

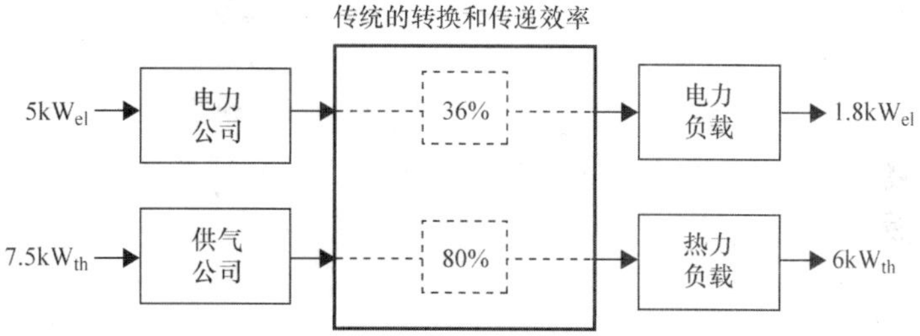

图 4. 8　使用传统方法时电和热的传输效率

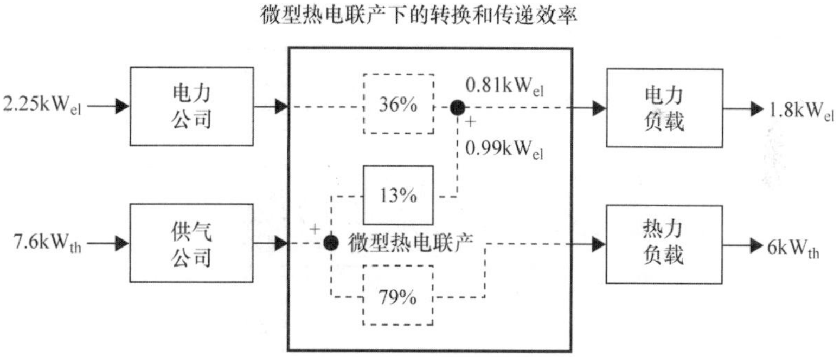

图 4. 9　采用热电联产机组时电和热的传输效率

当使用传统锅炉时：

- 需要 $6kW_{th}$ 的热能，如果水是用效率为 80% 的天然气锅炉加热的，则需要从一次能源获得 $7.5kW_{th}$ 的能量；
- 同时，如果需要 $1.8kW_{el}$ 的电力，假设发电和传输的综合效率为 36%，那么需要从一次能源获得 $5kW_{el}$ 的能量。

在这个例子中，输入到能源供给系统的总能量是 12. 5kW，却只有 7. 8kW 是为用户所用。

然而，如果使用一个综合效率为 92% 的斯特林发动机热电联产系统[187]：

• 斯特林发动机的热效率为 79%，因此为了获得 6kW$_{th}$的热量需要从一次能源中获得 7.6kW$_{th}$的热量；

• 相似的，如果斯特林发动机的发电效率为 13%，消耗 7.6kW$_{th}$的热量，则能产生 0.99kW$_{el}$电力；

• 当然，0.81kW$_{el}$是通过电力公司补充以提供所需的 1.8kW$_{el}$电能，这就意味着电力公司需要耗费 2.25kW$_{el}$的能量。

在第二种情况下，需要供给到能量服务网络并最终进入住所的一次能源为 9.85kW，因此，相较于第一种情况，一次能源节省了 2.65kW，有着 21% 的差距。现在，如果在这种负载下持续一个小时进行比较，考虑到英国国内的电力和天然气价格分别为 13 便士/kWh 和 4 便士/kWh[188]，在热电联产的情况下——不考虑资金支出和奖励，会节省 35 便士。

显然，我们可以根据上面的例子，利用性能指标来分析热电联产系统的可行性，比较和认识其他可行方案。在热电联产的文献中有一系列常见的指标，但在这本书中只涉及了有关 TCOPF 工具建模的指标。采取的方法是关于能量转换的通用模型，着眼于功率流的瞬时输入和输出，同时将该装置看作是一个具有线性能量转换效率的黑箱。

假设热电联产装置在节点 k 处将输入的天然气转换为电能和热能，如图 4.10 所示，得到下面的等式。

发电效率可以表示如下：

$$\eta_{el}=\frac{P_G^{chp}}{G_D^{chp}}=\frac{P_G^{chp}}{GHV\cdot F_D^{chp}} \tag{4.20}$$

式中，P_G^{chp} 是热电联产系统生产的净电量（J/s $=W_{el}$）；G_D^{chp} 是所需天然气的能量（J/s = W$_{th}$）；F_D^{chp} 是所需天然气的流量（m^3/s）。

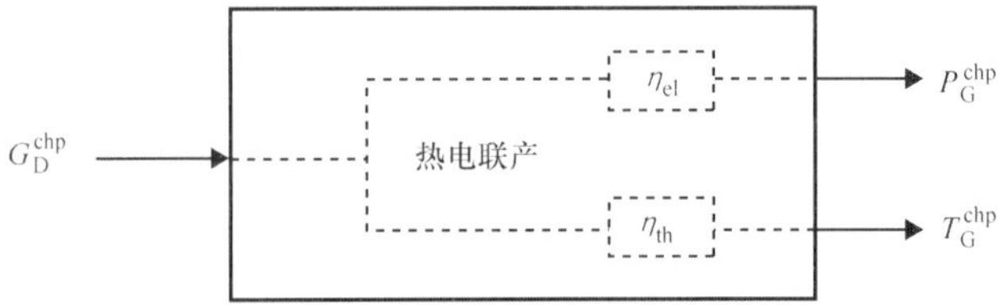

图 4.10 热电联产机组公式中的效率指标

相似地，热发电效率可表示为

$$\eta_{th}=\frac{T_G^{chp}}{G_D^{chp}}=\frac{T_G^{chp}}{GHV\cdot F_D^{chp}} \tag{4.21}$$

式中，T_G^{chp} 是系统输出的有用的热量（J/s = W$_{th}$）

热电联产系统的效率和性能，分别被称为能源利用率（EUF）和电热比

(EHR)，定义如下：

$$\mathrm{EUF}_{\mathrm{chp}} = \frac{P_{\mathrm{G}}^{\mathrm{chp}} + T_{\mathrm{G}}^{\mathrm{chp}}}{G_{\mathrm{D}}^{\mathrm{chp}}} = \eta_{\mathrm{el}} + \eta_{\mathrm{th}} \tag{4.22}$$

$$\mathrm{EHR}_{\mathrm{chp}} = \frac{\eta_{\mathrm{el}}}{\eta_{\mathrm{th}}} \tag{4.23}$$

热电联产机组在节点中的普及程度被定义为带有接入电网的小型热电联产机组的住宅的百分比，详述如下：

$$\%_{\mathrm{chp}} = \frac{N_{\mathrm{chp}}}{N_{\mathrm{clients}}} \tag{4.24}$$

表 4.2 显示了当前市面上可用的微型热电联产系统，而图 4.11 以图形的形式描述了这些数据，产能随着型号的增大而增加[189,190]。

表 4.2　微型热电联产系统的规格一览

技术	制造商	尺寸/kW_{el}	η_{el}	η_{th}	EUF
往复式发动机	Honda	1.0	0.21	0.64	0.85
	Honda 1998	1.8	0.22	0.58	0.80
	Ecopower	4.7	0.25	0.65	0.90
	Intelligen Alpha	5.0	0.21	0.49	0.70
	Senertec	5.5	0.28	0.63	0.90
	Aisin Seiki	6.0	0.27	0.60	0.87
	Intelligen 2010	10.0	0.27	0.61	0.88
	Toterm Accorroni	15.0	0.27	0.69	0.96
	Coast - intelligen	55.0	0.30	0.48	0.78
	Tecogen	60.0	0.26	0.57	0.83
	MAN	100.0	0.31	0.50	0.81
微型燃气轮机	Capstone	30.0	0.26	0.55	0.81
	IR Energy Systems	70.0	0.28	0.43	0.71
	Turbec T100	100.0	0.30	0.49	0.79
斯特林发动机	Baxi Ecogen	1.0	0.13	0.79	0.92
	SEM	1.2	0.18	0.75	0.93
	EA Technology	3.0	0.24	0.68	0.92
	Sun Power	3.4	0.10	0.61	0.71
	United	11.4	0.33	0.45	0.78
	DTE Energy	20.0	0.30	0.52	0.82
燃料电池	Panasonic	1.0	0.38	0.55	0.93

认识到电热比和热电联产技术的普及会对电气和天然气的基础设施的操作参

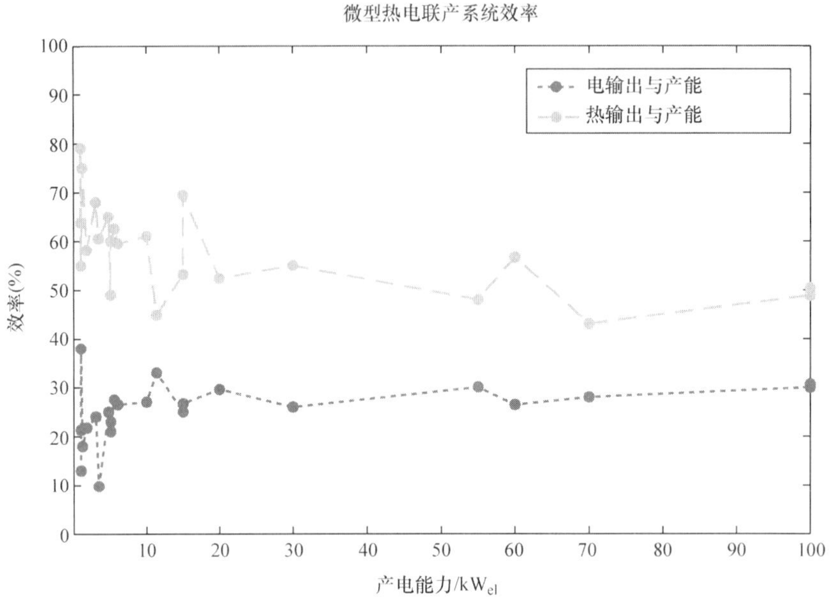

图 4.11 可用微型热电联产系统的电和热效率[76]

数、负载分布和电网损失都产生不同的影响是很重要的。然而，热电联产技术对网络性能产生的影响也和这些分散式的发电机所采用的调度策略密切相关。因此，一些对热电联产经营决策有影响的因素包括[93]：

- 住宅的电和热耗需求；
- 热电联产机组的效率和容量以及存储能力；
- 能源价格、上网电价补贴计划及其他市场特点。

电力和供暖的战略调度或经营方式将具有热电联产系统的特点，并随着热电联产的出现和变化而变化。如今，有很多应用广泛的经营策略，可为建模时所采用的 TCOPF 标准提供参考，其中最普遍的是[88]：

- 热引导策略：在大部分时间内，使热电联产系统的有用热输出等于热负载（不超过所需供热量）。如果该系统的供热大于需求，则启用辅助锅炉或储热（TES）系统。现在，如果所产生的电力比负载更高，过剩的电力将被销售给电网；如果更低，将从电网购买电力补充。在一般情况下，这种操作策略能最大化地节约一次能源。

- 电引导策略：在大部分时间内，使产生的电力等于电负载（不超过所需供热量）。所发电力试图在大部分的时间等于电负载（不超过用电负载）。如果热电联产产生的热量比所需热负载低，则启动辅助锅炉或储热系统来补足；如果产热大于需求，多余的热量进入储热系统，或在最坏的情况下，将热排放到环境中。

- 成本最低策略：致力于减少获得既定的电和热量所需要的成本。因此，热电联产装置及其蓄热器将以最经济的方式运行，并综合考虑燃料价格和上网电价来决定电力的输入或输出。

- 混合策略：既可以使用热引导策略也可以使用电引导策略，这种策略在电或热的需求有强烈转变的情况下是很常见的。该决策是基于给定元素的优先级，如运营成本、网络状况、天然气和电费等因素。

图 4.12 为耦合到辅助锅炉和存储装置的，用于提高热水和空间采暖的住宅式微型热电联产系统。但是，应当强调的是，从经济和环境方面来看，热电联产机组输出的电力比热量更有价值[191]。因此，由于这些负载有时与图 4.13 所示的不匹配，从电力生产中分离出热量供应将是非常有价值的。这就是为什么引入储热系统，可以大幅提高热电联产方案的操作灵活性。换句话说，储热在提高热电联产项目的吸引力上具有战略性的作用。根据智能电网的出版物的建议[19]，储热允许利益相关者通过应用智能控制策略最大限度地从热电联产设施获取经济效益。将这种运行灵活度添加到负载流建模框架是模拟未来的能源系统极为重要的一点。

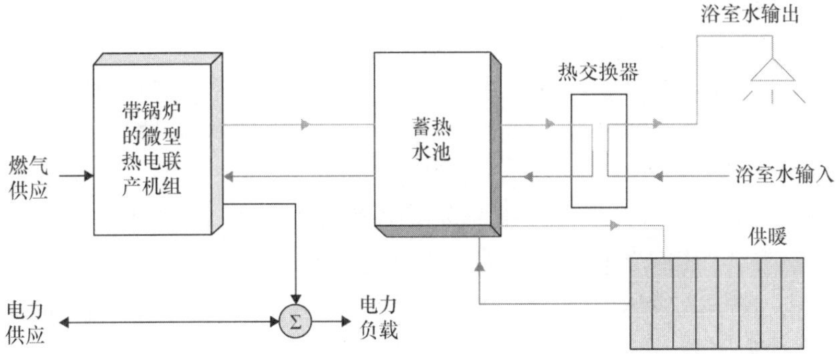

图 4.12　带有储热的住宅式微型热电联产系统的配置[72]

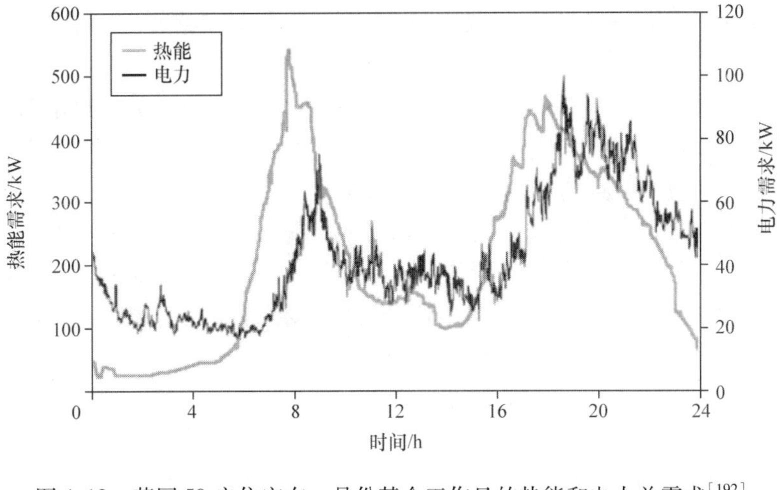

图 4.13　英国 50 户住宅在一月份某个工作日的热能和电力总需求[192]

4.3.2 含热电联产天然气网络的节点公式

为了评估微型热电联产机组对多能源耦合的服务网络产生的影响，与这些机组有关的净电力输入需纳入第 3 章中介绍的电力和天然气流量公式。这意味着，运行时这种特定类型的分布式能源将被表示为电网的负的负载，同时是天然气网络中正的负载。根据电网供应点的数据，DNO 认为这些波动将影响电力和热力的需求。为了解释该现象，不论这些装置在哪里运行，两种基础设施的节点平衡方程都应包括几个方面。因此，本节详细介绍了一套描述在能源服务网络中带有蓄热能力的热电联产机组的节点项。

有必要强调的是，关于储热系统，此处详述的方程是建立在显热存储理论上的，这是一个经过验证的着眼于满足短期的热能需求的成熟的领域，如图 4.12 所描绘的系统（即生活热水和采暖需求），因此该方程适用于 TCOPF 建模框架的粒状仿真要求[87]。

从天然气网络的角度来看，所有负载节点必须将供应的流体转化为热能来满足终端用户的需求。对于这一点，假定在任何节点传入的气流都可以由传统的锅炉或热电联产机组处理。如果使用锅炉处理天然气，可以立即满足热负载。但是，与此相反的是，微型热电联产需要决定在这个瞬间生产的热量将被储存还是使用。自然地，热电联产燃烧气体的效率和能力将依赖机组的特点和先前所述的效率方程[式（4.20）~式（4.23）]，而一个节点所采用的技术的比例取决于热电联产和储热的普及程度。普及程度定义为与发电机相连的住宅的百分比，如式（4.24）所述。不用说，只要微型热电联产系统在运行它们就会发电。假设所有的微型发电机，在一个功率因数下运行，或将其功率因数修正为一个统一值[96]。

基于使用的方法，锅炉、热电联产和储热装置的节点容量是一个累加值，等效于在一个特定的节点存在的所有单个装置的容量总和。图 4.14 显示了为达到满足一个特定节点的热量需求的最终目标，在天然气节点 k 可能需要的能量输入和转换的示意图。

如图 4.14 所示，终端用户的热量需求通过传统的锅炉或微型热电联产装置相结合的热流得到满足。为了成功描述这些能量输入，热能转换的建模框架必须建立基本的在燃气管网的节点内产生协调作用的原则和变量。为了进一步简化问题，这些节点的转换方程与第 3 章叙述的基本的气体负载流量方程是一致的且很容易改写。

以图 4.14 为例，用来描述有热电联产和储热技术存在的能源服务网络的节点方程是使用控制调度的方法得出的。

因此，在天然气节点 k 需要用来供应给负载的总的能量输入可以表示如下：

$$G_{\mathrm{D}k}^{\mathrm{grid}} = G_{\mathrm{D}k}^{\mathrm{boiler}} + (W_k^{\mathrm{chp}} \cdot G_{\mathrm{D}k}^{\mathrm{chp}}) \tag{4.25}$$

在式（4.25）的右侧的项表示将要被锅炉或热电联产机组消耗的流量。权重

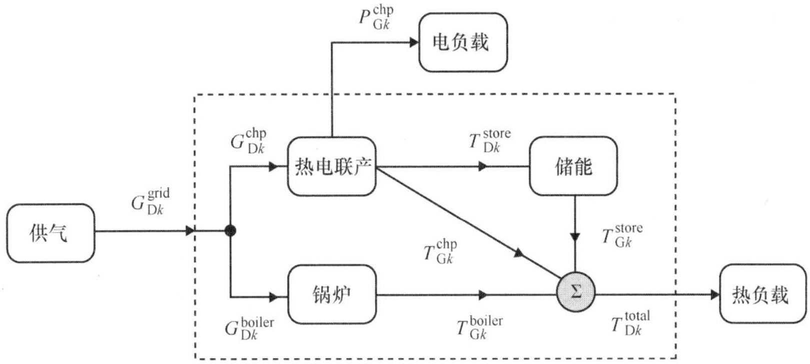

图 4.14　表示在嵌入式技术存在时天然气节点可能存在的能量交换

因子W_{chp}是二进制值（即 0 或 1），表示热电联产装置的停止/开启状态。这些变量的上标表明了从总供给G_{Dk}^{grid}到需求的不同转换路径。

热电联产机组在任何时候产出的电量均可由式（4.20）的细微变化表示出来，可以详述如下：

$$P_{Gk}^{chp} = \eta_{el}(W_k^{chp} \cdot G_{Dk}^{chp}) \tag{4.26}$$

式中，η_{el}为热电联产系统的电能转换效率。

相似地，传统锅炉在节点 k 获得的热能被定义为

$$T_{Gk}^{boiler} = \eta_b \cdot G_{Dk}^{boiler} \tag{4.27}$$

式中，η_b 为锅炉的转换效率。

以上公式的意义是说明热电联产系统产生的热量有多大比例用于即时消耗，有多大比例进入储热系统。上述变量的值由 TCOPF 最优求解器根据特定的目标函数求解（见第 5 章）。

节点 k 范围内热电联产可能的热量输出用符号 T 表示（即被热电联产系统处理之后的热量），可表示为

$$T_{Gk}^{chp} + (W_k^{store} \cdot T\mathrm{x}_{Dk}^{store}) = \eta_{th}(W_{chp\,k} \cdot G_{Dk}^{chp}) \tag{4.28}$$

式中，T_{Dk}^{store}为被储存的输入热量。

接下来，终端用户所需要的总的热负载可以在节点 k 通过协调所有可能的热源得到满足，表示为

$$T_{Gk}^{total} = T_{Gk}^{boiler} + T_{Gk}^{chp} + (W_k^{store} \cdot T_{Gk}^{store}) \tag{4.29}$$

式中，T_{Gk}^{store}表示从储热系统得到的输入热量。

式（4.29）表示，一段时间内，节点 k 处所需的总热量可以通过三种渠道进行供给，即通过锅炉或热电联产机组以一定的热效率燃烧天然气获得的热量和来自储热系统的热量。

4.3.3 储热管理方程

目前，有三种类型的储热系统广泛适用于家庭或商业领域，包括：

- 显热储存；
- 潜热储存；
- 热化学能储存。

用于特定应用的存储系统，取决于很多因素，如工况、投资成本和要求的储存时期（即每天或季节性）[87]。然而，对于本书的研究，显热储存系统技术最为成熟，较为适合家庭和商业应用。

对于单个的系统，显热储存系统的储热能力直接与输入输出流的温度差、存储介质的容量、储能流体的热特性成比例。

综合考虑以上因素，热量计算公式为

$$Q = mc_{\mathrm{p}}\Delta T \tag{4.30}$$

式中，m 为材料的质量（kg）；c_{p} 为材料的比热（J/kg K）；ΔT 为温差（K）。

以材料的质量除以它的密度，可以得到热水箱中流体的体积。因此，装置的储热性能取决于单位体积的储热能力和系统特定的水的温差。通常住宅中的温差为 30～40℃；例如 20℃和 60℃之间的温差为 40℃[87]。

基于浮力原理，水温越高其密度越小，热水在浮力作用下往上流，冷水向下沉，蓄热水箱内的水会出现分层现象。因此，在水箱蓄热过程中，经集热器加热后的热水进入水箱顶部，同时，水箱中较低温的水从底部进入集热器加热。当集热大于用热时，储热过程便开始，而储热罐放热时则会发生相反的过程。

储热装置中的温度分层越显著，越有利于提高集热效率，降低传热损失。目前，显热储存系统通常具有 90% 的效率，损失主要来自于传热过程。不同温度流体间的热传导以及流体和储热罐壁面之间的热传导是造成能量损失的主要因素[193]。

在这本书中，模拟显热储存系统的操作逻辑是通过模拟操作控制命令来进行分段时间优化。这种优化方法类似于应用于 PHEV 技术的电化学能量存储建模（见 4.4 节）。

简单起见，该蓄热装置被简化为一个大型的单个储热装置，并用一个特定的节点表示微型热电联产机组。因此，该节点的储热容量相当于所有单个存储装置的总和。此外，每个时段都应满足存储系统的储热和放热限制，整个分析时段内都需满足全局约束的限制，即最小和最大的 SOC 值。

为了补充在上一节介绍的节点热电联产公式，有必要定义变量来记录存储装置的储热状态。因此，有必要引入时间变量。同样地，需要定义热库可以存储和放出的热量的总容量和单位时间的极限。

首先，在被分析的整个期间（例如一天）都必须满足储热平衡方程。因此，

必须将向热库充入和排出的能量表示出来。该表达象征着节点 k 处的热平衡，可以被表述为

$$T_{Bk}^{store}=\sum_{\beta=1}^{n\beta}(\eta_{ts}\cdot EC_{k,\beta}^{store}-ED_{k,\beta}^{store})=0 \tag{4.31}$$

式中，β 是被分析的时间间隔；$n\beta$ 是整个时间段被划分成的时间间隔数；n_{ts} 是该技术的储热效率；$EC_{k,\beta}^{store}$ 是充入到热库中的能量（Wh_{th}）；$ED_{k,\beta}^{store}$ 是从热库中排出的能量（Wh_{th}）。

为了表示节点 k 在 $\beta+1$ 时刻储热系统的储热状态，有必要得到 β 时刻的储热值，可以表示如下：

$$TSOC_{k,\beta+1}^{store}=TSOC_{k,\beta}^{store}+\Delta TSOC_{k,\beta}^{store} \tag{4.32}$$

不用说，$TSOC_{k,\beta}^{store}$ 的数值在任何时间间隔都需要等于或者大于 0，因为存储量不能为负。然而，在计算某个特定时刻 β 的 SOC 的变化时，该式并不适用，需由下式确定：

$$\Delta TSOC_{k,\beta}^{store}=EC_{k,\beta}^{store}-ED_{k,\beta}^{store} \tag{4.33}$$

一旦 TSOC 方程被确定，就需要计算表示充放的能量，分别为 $EC_{k,\beta}^{store}$ 和 $ED_{k,\beta}^{store}$。这些能量传递的数值，可以改变热库的储热状态，类似于图 4.14 中的能量的 T_{Dk}^{store} 和 T_{Gk}^{store}。

在时间间隔 β 内，储热装置在节点 k 处的热量输入可以表达如下：

$$EC_{k,\beta}^{store}=\frac{hr^{total}}{n\beta}\cdot W_{ECk,\beta}^{store}\cdot T_{Dk,\beta}^{store} \tag{4.34}$$

$$ED_{k,\beta}^{store}=\frac{hr^{total}}{n\beta}\cdot W_{EDk,\beta}^{store}\cdot T_{Gk,\beta}^{store} \tag{4.35}$$

类似于变量 W_k^{chp}，权重因子 W_{EC}^{store} 和 W_{ED}^{store} 是调度因素，可以取 0 或 1 两种值，分别对应向热库输入或者排出热量的时间段。同时，hr^{total} 是城市能源设施被评估的总的时间和电力输入被转换成能量的比例（例如，每天被分成 48 个时间间隔，则每个功率注入需要乘以 0.5）。联立式（4.34）和式（4.35），并结合式（4.33），我们就可以确定每个时间间隔内节点存储装置的 SOC 的变化。

显然，存储装置可提供的热能与储热系统的效率密切相关。所以，存储在水箱中的所有热能有多少可供应用取决于该存储装置的性能。由于合理的存储装置可以满足日常的热负载需求，所以可以假设存储装置可提供的能量和白天输入的能量是相近的，这个观点与式（4.31）相关，可以被定义为

$$\sum_{\beta=1}^{n\beta}ED_k^{store}=\sum_{\beta=1}^{n\beta}\eta_{ts}\cdot EC_k^{store} \tag{4.36}$$

这样就得到用于 TCOPF 模拟工具的热电联产和储热框架方程。使用这个方法，很清楚的是能源服务网络中热电联产和储热系统的存在可以在能源消费和能量的运

输中提供额外的自由度，也会对设施的操作产生内在的影响。通过向 TCOPF 模型中引入热电联产等式，可以评估小规模发电机的大量存在对于能源服务网络产生的影响，同样地，也可以对优化调度策略所产生的影响进行评估。这种建模功能允许工程师开始制定一个更加可持续的供热方式来满足终端用户的需求。

4.4　PHEV 技术建模

4.4.1　PHEV 的基本原理

插电式混合动力电动汽车（PHEV）既可以从电网获得电能，使用电池来供能，也可以使用以汽油为主要燃料的内燃机来供能。由于汽油价格的不稳定和传统汽车的高二氧化碳排放现象[194]，这种新兴产品越来越引起公众的关注。经过对汽车原型的不断改进，如今，PHEV 正在缓慢地推向市场[195,196]。这一进展使该技术得到了各行业的关注，如环保、政府、学术界和能源行业[197]。由于高利率，汽车行业正致力于将 PHEV 车型推向市场，从设计和技术性能两方面来吸引消费者[198-201]。因此，如果技术问题得以解决，且有合理的政策激励机制，PHEV 这样的“绿色”产品被市场认可只是一个时间问题[202]。

PHEV 是在传统混合动力汽车基础上派生而来，并兼有传统混合动力汽车（如丰田普锐斯）与纯电动汽车（如特斯拉电动跑车）的基本功能特征[112]。PHEV 的配置和组件与传统的混合动力汽车非常类似。这意味着，这两款车型都可以将电驱动系统与内燃动力驱动系统相结合。但是，制造商已经发现，很难权衡不同的混合配置和架构；这种差异可以影响关键的指标，如成本、效率和装置的驾驶性能[26]。

目前，最普遍的 PHEV 的结构选择包括[203]：

- 电耦合：将发电机和电池系统的电力输入到一个功率变换器，使其充当电耦合器，将能量输送到电动机，带动传动系统；该结构通常也被称为串联结构。
- 机械耦合：使用机械接头来合并内燃机和电动机的机械功率，因此，汽车的驱动轮可以由两种不同来源的动力驱动；这种结构也被称为并联结构。
- 电-机械耦合：由电气和机械耦合器组成，结合了之前结构的特点，从而提供更多的操作模式；这种构造在业界颇为流行，也被称为串并联结构。

虽然还有各种 PHEV 的构造可供选择，但是混合动力汽车的设计问题不在本文考虑范围内。尽管如此，图 4.15 描绘了混合动力汽车和 PHEV 的串并联结构，来说明它们技术之间的主要区别是 PHEV 的结构中多了一个充电器，可以从电网获取电能并储存在它的电池组里。

关于 PHEV 的充电过程，相关文献已经列出了很多指标；但本书只介绍了与 TCOPF 工具建模有关的指标。这一组指标有助于我们去评估这一类的电力需求问

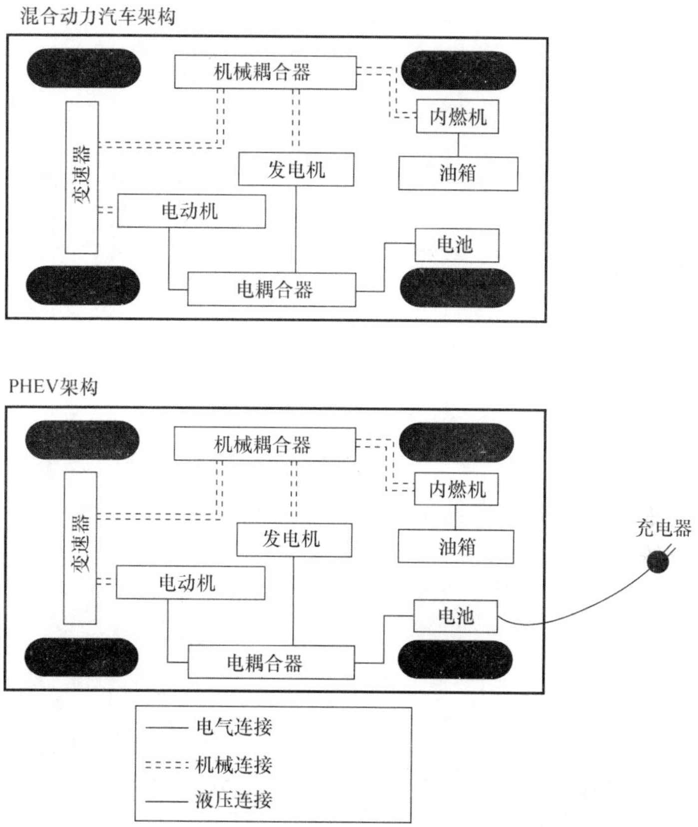

图 4.15　串并联 PHEV 装置示意图[203]

题，反过来也允许我们去比较电动汽车的不同普及程度对电网的影响。该方法和 4.3.1 节中对热电联产系统的评估方法非常类似，是一个着眼于瞬时输入和输出能量流的能源转换的通用模型，由于其线性能量转换效率，可以将车辆当作一个黑箱来研究（它的存储功能这里忽略不计，稍后在 4.4.3 节中会详细解释）。

如图 4.16 所示的 PHEV 装置，车辆从电网获得的电能最终将会用于运输或者附属服务。然而，在能量存储的输入和输出过程中，将会出现能量损失，这一损失与系统的效率相关。在实际应用中，这些损失是和电力电子及电动机的特性有关的（这些机制在本书中不作考虑），所以得到如下的方程式。

PHEV 装置（G2V）的电能输入效率可以被描述为

$$\eta_{\mathrm{G2V}} = \frac{\mathrm{G2V}}{P_{\mathrm{D}}^{\mathrm{phev}}} \tag{4.37}$$

式中，G2V 是充入到电池系统的净电能（W_{el}）；$P_{\mathrm{D}}^{\mathrm{phev}}$ 是 PHEV 需要从电网获取的电能（W_{el}）。

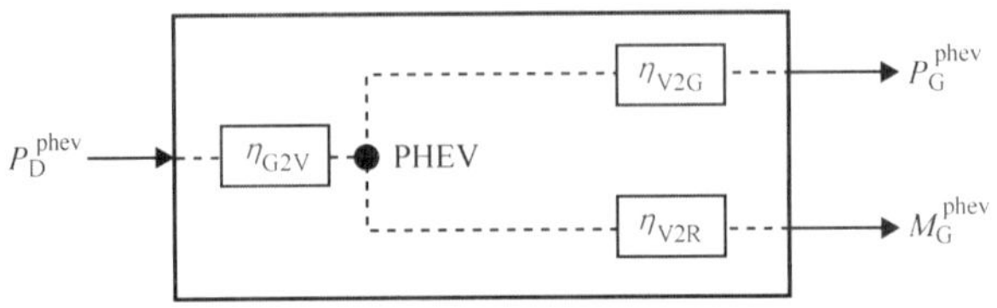

图 4.16　PHEV 的效率指标

V2G 效率可定义为

$$\eta_{V2G} = \frac{P_G^{phev}}{V2G} \tag{4.38}$$

式中，V2G 为电池系统的净电能输出（W_{el}）；P_G^{phev} 是 PHEV 输入到电网的电能（W_{el}）。

电动机的输出效率，也称为车辆到道路（V2R），可详述为

$$\eta_{V2R} = \frac{M_G^{phev}}{V2R} \tag{4.39}$$

式中，V2R 是电动机的净电能输出（W_{el}）；M_G^{phev} 是传动系统的电能输入（W_{el}）。

一个节点处的 PHEV 渗透率被定义为使用连接电网的插电设备的住宅百分比，具体如下：

$$\%_{phev} = \frac{N_{phev}}{N_{clients}} \tag{4.40}$$

PHEV 技术的一个关键问题是车辆所使用的电池的类型，这是因为 PHEV 的电池的存储容量——以千瓦时（kWh）计，需要有比混合动力汽车车型更大的电池容量。电池容量得以扩展，从电网取电来代替石油才有可能实现。因此，PHEV 的电池需要足够的存储容量来满足用户的驾驶需求。然而，与 PHEV 的结构类似的是，电池型号也需要权衡，主要指标为电池的能量密度[204]。例如，铅酸电池的能量密度大概为 30Wh/kg，对于 PHEV 应用来说，能量密度偏低。镍 - 金属氢化物（镍氢）电池的能量密度大约为 80Wh/kg，虽然镍 - 金属氢化物电池相比铅酸电池具有更高的能量密度，但其能量转换效率更低。另一方面，锂钴（Li - Co）电池的特征在于兼具高能量效率和高能量密度，分别为 90% 和 160Wh/kg[203]。此外，比起大多数技术，锂电池重量更轻且体积更小，具有绝对的竞争优势。综上所述，锂电池是目前 PHEV 和纯电动汽车（BEV）应用的前沿[205]。表 4.3 对电动汽车中常见的电池的性能特征进行了比较[206]。

表 4.3　电化学电池的比较

变量	铅酸电池	镍氢电池	锂钴电池
能源密度/(Wh/kg)	30	80	160
能量密度/(W/kg)	300	800	320
能源效率（%）	60	70	90

没有电动汽车可以实现零碳排放。这是因为充入电池的电力来自于发电厂，发电厂会排放二氧化碳。为了解决这一问题，表 4.4 通过从油井到车轮（W2W）所消耗的总能量方程来比较不同车型的效率，测量值为每单位能源的行驶距离（km/kWh）[207]。W2W 方程在文献中应用较为广泛，可用于评估特定车型的能源消耗总量，即从燃料在“油井”中生产出来的那一刻到“车轮”转动的那一刻所消耗的总能量；可表示为

$$W2W = \eta_{W2V} \cdot \eta_{V2W} \tag{4.41}$$

式中，η_{W2V}是用百分比表示的从油井到车辆的能量效率；η_{V2W}是用 km/kWh 表示的从车辆到车轮的能量效率。

表 4.4　一些环境友好型车型的 W2W 能量效率

技术	型号	能源类型	η_{W2V}	η_{V2W}	W2W
内燃机	Toyota Camry	原油	0.82	1.23	1.09
	Honda Civic	原油	0.82	2.27	1.86
混合动力汽车	Toyota Prius	原油	0.82	2.47	2.03
PHEV	Chevy Volt	煤	0.32	4.00	1.28
	Chevy Volt	天然气	0.42	4.00	1.68
纯电动汽车	Tesla Roadster	煤	0.32	6.10	1.95
	Tesla Roadster	**天然气**	**0.42**	**6.10**	**2.56**
	Nissan Leaf	煤	0.32	6.66	2.13
	Nissan Leaf	**天然气**	**0.42**	**6.66**	**2.80**
	BMW Mini E	煤	0.32	7.14	2.28
	BMW Mini E	**天然气**	**0.42**	**7.14**	**3.00**

正如表 4.4 所示，从为电池充电的能源和着眼于能量效率的角度来看（即不考虑成本和排放量），PHEV 和纯电动汽车模式与内燃机和混合动力汽车模式相比有着相似的或者更高的性能。从上述表格中容易看出，纯电动汽车的性能甚至优于 HEV 的最佳性能；这些车辆（表格中**粗体字**描述的）的 η_{V2W}数值大于 6 并且从以气体为燃料的联合循环电厂取电。不过，当以煤作为燃料源，车辆的 W2W 数值就会降低。由此可见，每辆 PHEV 的 W2W 数值取决于供电的电池的效率和使用的燃料混合物[208]。因此，有必要使发电过程变得更低碳，否则 PHEV 所具备的节能效

益便无法体现。

随着可再生能源（如风能）在使用混合燃料的地区或国家的能源消耗中所占的比例越来越大，PHEV 和纯电动汽车技术的 W2W 能量性能将有所提升。此外，与 W2W 方程类似的是，可以计算车辆的 W2W 排放，如表 4.5 所示。用这种方法就可以确定使用汽油代替煤或天然气会对环境产生的影响，该方程可以被表述如下：

$$W2W_{CO_2} = \eta_{CO_2} / W2W \tag{4.42}$$

式中，η_{CO_2}是使用的燃料的碳含量（kg/kWh）；$W2W_{CO_2}$是每个车型的碳排放（kg/km）。

表 4.5 几种环保车型的 W2W 碳效率

技术	型号	能源类型	η_{CO_2}	W2W	$W2W_{CO_2}$
内燃机	Toyota Camry	汽油	0.292	1.09	0.268
	Honda Civic	汽油	0.292	1.86	0.157
混合动力汽车	Toyota Prius	汽油	0.292	2.03	0.144
PHEV	Chevy Volt	煤	0.870	1.28	0.680
	Chevy Volt	天然气	0.450	1.68	0.268
纯电动汽车	Tesla Roadster	煤	0.870	1.95	0.446
	Tesla Roadster	天然气	0.450	2.56	0.176
	Nissan Leaf	煤	0.870	2.13	0.408
	Nissan Leaf	天然气	0.450	2.80	0.161
	BMW Mini E	煤	0.870	2.28	0.382
	BMW Mini E	天然气	0.450	3.00	0.150

表 4.5 的数据显示，PHEV 的碳排放仍需进一步减小，因为给 PHEV 供能的电力和燃料都来自于化石能源，这使 PHEV 的环保效益大打折扣。换句话说，有必要研发更低碳的车型。此外，PHEV 的部署将会为公共事业增加额外的负载，必要时可为电网提供能量。因此，对于电力工程师来说，可将 PHEV 作为可调度负载嵌入配电网络。因此，为简单起见，在下文中，术语 PHEV 可表示从电网获取电能的所有车辆技术。

当 PHEV 嵌入能源网络基础设施后，DNO 可能会面临的一些后果包括[209]：

- 修改商业及住宅区的日常用电负载曲线；
- 改变电力运输费用和损失；
- 缩短变电站的寿命并加强保护方案；
- 对关键的操作变量采用更多监控，尤其是在低电压时。

PHEV 会对配电网络产生的影响与汽车用户的驾驶习惯密切相关。这是因为被电网电力代替的汽油用量受许多因素所影响，如每次充电需要的能量（即电池状态）和每次充电后可以行使的总里程（即行驶概况）。因此，DNO 要解决 PHEV 在电网内的负载问题，理解汽车用户的时空特征是非常关键的。

行驶调查数据显示，在美国大多数轻型车辆的日常驾驶距离小于 65km[104]，英国是小于 40km[108]。这些数据表明，如果 PHEV 电池的设计续航里程远远超过平均值，根据用户的驾驶习惯和能量管理策略，使用电力来取代汽油是有可能的。此外，作为对行驶数据的补充，知道何时何地车辆会被使用是利益相关者需要考虑的另一类关键信息，由此才能提供让人更为满意的服务。

初步研究表明，GPS 技术可以帮助 DNO 追踪和记录 PHEV 装置的活动[105]。数据挖掘确实能对评估 PHEV 起到重要的作用。否则，如果没有执行数据记录程序，将无法评估当地电网中的负载变化。本书包含了 PHEV 的机动性建模（见第 7 章）。第一步，需对城市车辆的驾驶习惯进行调查。图 4.17 展示了市区的一个工作日内，不同时段汽车的使用情况，这和公用事业公司所预测的驾驶情况基本吻合。

电力公用事业需满足一天中不同时段的电力需求。因此，随着 PHEV 的逐渐普及，对于公用事业来说，已经很常见的传统曲线，在移动随机荷载显著增加的情况下，可能会发生显著的变化。对电力工程师来说，在较高的粒度级别模拟 PHEV 在电网中的负载情况也是一个重大挑战。这些新的输入功率和充放电装置是互相关联的，也被称为电网到车辆（G2V）和车辆到电网（V2G）流。

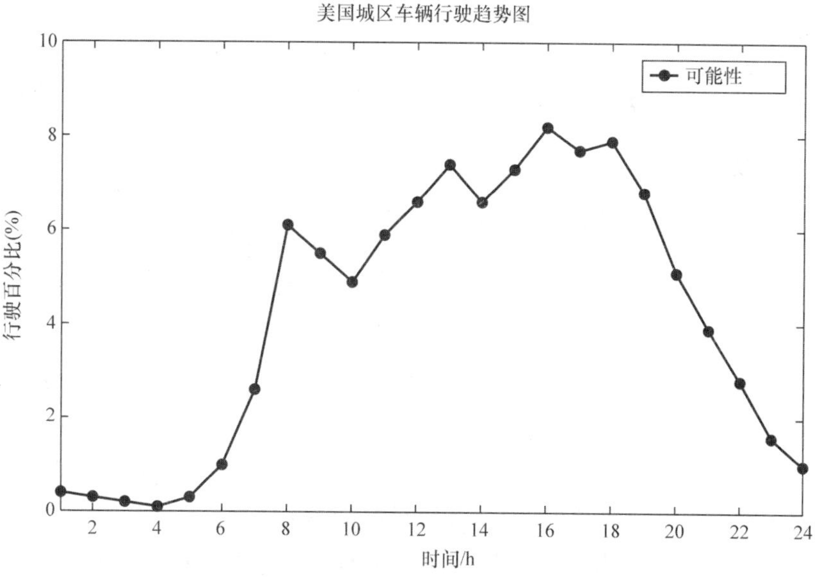

图 4.17　美国的城市地区一天中车辆行程的百分比[104]

由于缺乏大范围的 PHEV 充电策略的实际研究，对这些能量输入进行理论建模是非常必要的。为了填补该领域的研究空白，可在文献中找到一些基本的充电方案，按天或者按小时（的频度）来记录 PHEV 负载的边界情况[116]。有必要澄清的是，这些负载的充电策略没有经过优化，仅代表理想状况，并以此作为第6章中TCOPF场景建模的基础。一旦充电策略被开发，这部分负载就可以汇总并累加到城市电力每日趋势图上。从而，人们可以更清楚地认识到PHEV作为负载对电网的影响。

目前，常规的PHEV G2V策略包括：

• 连续充电：假设车辆无论何时接入电网，充电方式都不可控，且车辆停放的地方都有公共充电站。此方案的优点是能最大限度地使用电动操作，并降低PHEV对汽油的消耗。同时考虑最坏的情况，比如车辆要在傍晚开始充电直到电池充满，这就会和电力系统的日最高负载相重合——特别是在居民住宅区。这种充电策略如图4.18所示[210]。

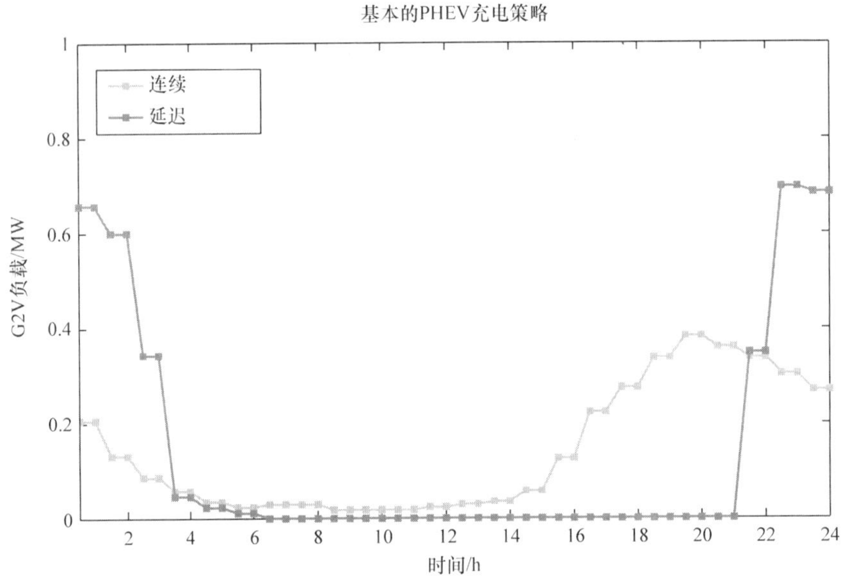

图4.18 基本的G2V PHEV充电策略[210]

• 延迟充电：考虑车主只在家充电且没有任何规律，这意味着不会使用智能控件。夜间电价优惠时，这种充电情形比较符合实际（例如7号收费标准）。这种充电策略如图4.18所示[210]。

目前，较为先进的PHEV G2V策略包括：

• 非高峰期充电：允许PHEV在家里充电，充分利用谷电优势，在电网负载较小时进行充电。通常在晚上用电高峰之后或周末的中午进行充电。这种方法需要有先进的装置来控制什么时候PHEV开始从电网获取电能。

• 智能充电：类似于前面提到的非高峰情形，但也有一定的区别。该方法假设，绝大多数停车场都有智能的公共和私人充电站。这就需要当地的公用事业加大建设充电桩的力度。由此，PHEV才能按照利益相关者更想要的方式进行充电。

同时，由于基础设施所能提供的辅助服务的不确定性，要实现 V2G 比 G2V 更复杂。尽管对于电力的变化有着快速响应，PHEV 的需求响应策略还需要被设计得更合理。尽管如此，在本书中，排放标准是基于利益相关者的优先级且随之变化的（即用目标函数来代表）。因此，TCOPF 工具提供的 V2G 服务主要着眼于几个关于运营成本和损失的技术 - 经济问题，将会在第 5 章详细介绍。

从 DNO 的角度来看，了解和量化一定数目的 PHEV 的存储容量是十分重要的，该存储容量也可视为备用容量，值得投入研究，据报道，轻型车辆在其寿命的 95% 时间内都是被停放着的[126]。尽管备用电源有一定的发展潜力，但确定受时间影响的变量并非易事，PHEV 的存储容量是动态变化的，所以估算 PHEV 可提供的备用容量是一项具有挑战性的工作。为了解决这个问题，需要有一个“智能的中介机构”来协调电网运营商和充电车辆之间的相互作用。因此，电网可以启用该管理实体来提供服务，整合电网系统内各种实时信息，实现与用户的高效互动，最重要的是，有效地计算出 PHEV 电池的存储潜力。

PHEV 的 G2V 和 V2G 容量与很多因素相关，例如[130]：

- PHEV 是否插入充电设备；
- PHEV 与电网的营业网点的距离；
- 驾驶者的驾驶路线/偏好及其与 PHEV 电池的荷电状态（SOC）的联系；
- PHEV 充电站的类型（例如慢充还是快充）。

因此，PHEV 的车主、集群实体、电网运营商和监管机构需要就某些 V2G 条件达成共识，例如：

- 可靠的 V2G 服务商业模式，将促进智能 G2V 和 V2G 的能量交换，这将使利益相关者获利；
- 为多重调度策略制定完备的技术标准，规避网络运营的风险，维护车主的权益；
- PHEV 将能量输给电网时，必须遵循其功率和能量的阈值要求。

上述变量的值会随着 PHEV 的驾驶概况、操作模式和控制能力的改变而变化。从建模的角度来看，一旦 PHEV 的数量达到了一定的规模，TCOPF 求解器就可以计算出它们在不同的时间间隔内所拥有的存储容量，并得出其平均值。

为了满足车主的行驶要求，PHEV 拥有一系列的能量管理策略，可以根据特定的条件来应用。其中，最常用的运行策略为[203]：

- 电量消耗模式：在一定里程下，使用纯电动驱动，电池的 SOC 逐渐减少的行驶模式，SOC 值有时也会波动；
- 电量保持模式：采用混合动力模式，电池的 SOC 值保持平稳的行驶模式，允许 SOC 值在某些时刻波动；
- 全电动模式：在起动内燃机之前完全依靠纯电动驱动的行驶模式。

图 4.19 举例说明了 PHEV 装置的操作模式的策略。在本书中，为简单起见，假定 PHEV 的行驶模式为全电动模式，以最大限度地发挥用电的优势。

虽然第 7 章会重点讲述 PHEV 的机动性建模，但作为 TCOPF 建模框架的初级阶段，不能忽略 PHEV 的机动性特点，并侧重通过有效地管理存储特性来调度 G2V 及 V2G 的能量输入，同时也要满足用户的行驶要求。图 4.20 描绘了 PHEV G2V、V2G 和 V2R 模式下的能量流动情况。通过采取有效负载控制的方法来管理 PHEV，能够确定在系统中嵌入丰富的带有存储特性的能源的情况下，智能控制策略对电力输配网络的影响。

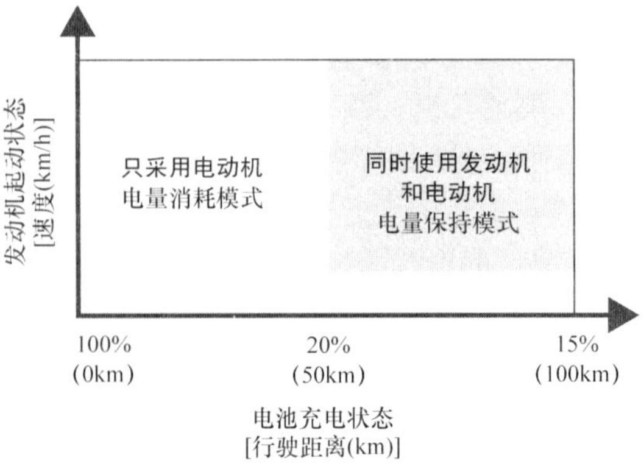

图 4.19　PHEV 的运行模式策略举例

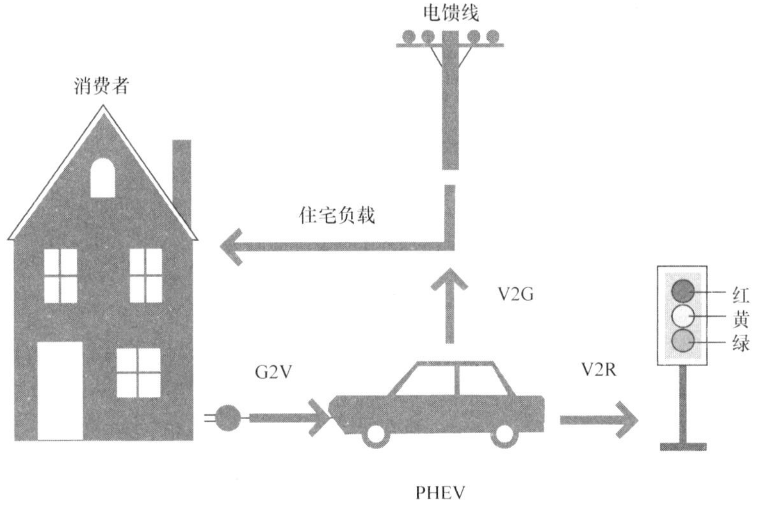

图 4.20　在一个住宅区域中 PHEV 可能存在的能量相互作用

4.4.2　含 PHEV 电网的节点公式

为了评估 PHEV 对多能源耦合的服务网络产生的影响，与这些装置有关的净电力输入需纳入第 3 章中介绍的电力潮流计算公式。尽管 PHEV 不会对天然气的需求产生直接的影响，但如果使用热电联产技术来满足部分的充电需求，则会产生间接的影响。为了建模，将 PHEV 看作一种特定的分布式能源，当 PHEV 在充电时，其在电网中为正向负载；反之，当它们向电网放电时为反向负载。因此，DNO 从电网供应的角度来看，这些电力波动会影响电能需求。不论这些装置位于何处，都需要将其纳入考虑，体现在每个节点的平衡方程中。因此，本节详述了一系列的节点项，用来表示在能源服务网络中具备 V2G 功能的 PHEV。

从电网的角度来看，所有的负载节点用以满足终端用户需求的电能都是从电网获得的电力和从分布式能源获得的电力的总和。对此，假设在任何节点充入的电力要么用于满足传统的负载，要么为 PHEV 充电，同时也不能忽视热电联产的输入对节点产生的影响。特别地，关于 PHEV 的操作，电池系统中的储能将主要用于行驶时电动机的驱动，必要时，也可作为备用能量来满足电力负载。当然，电化学电池中可以存储能量的容量取决于装置的规格和前面章节所述的效率方程［式（4.37）~式（4.39）］，节点中 PHEV 的百分比将取决于它的普及率。普及率被定义为带有 PHEV 装置的住宅百分比，如式（4.40）所述。此外，为了简化，假定所有的 G2V 和 V2G 输入都在同一个功率因数下操作，或将其功率因数修正为一个统一值[96]。

基于使用的方法，PHEV 和热电联产装置的节点容量是一个累加值，等效于一段时间内，在一个特定的节点存在的所有单个装置的容量总和。图 4.21 展示了为达到满足一个特定节点的电力需求的最终目标，该电力节点处可能的能量输入示意图（同时考虑逆功率流）。图 4.21 与图 4.14 是类似的，图 4.14 表示了在天然气节点的所有可能的能量输入，两者共同体现了 TCOPF 建模框架对分布式能源技术的主要覆盖面。

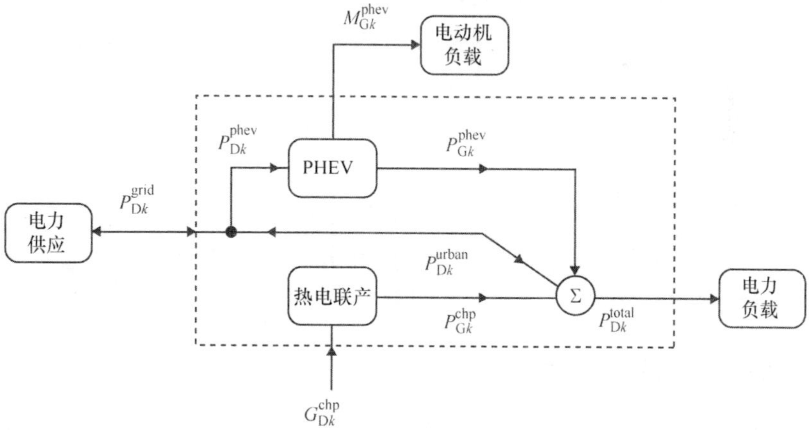

图 4.21　表述了当嵌入式技术存在时电节点中可能存在的电力交换

如图 4.21 所示，终端用户的电力需求可以通过电网、微型热电联产装置或者 PHEV 的储能装置来满足。为了成功描述这些能量输入，电能转换的建模框架需要建立基本原则和变量以在电网节点内部创建协调的互动关系。事实上，这些节点的转换方程与第 3 章叙述的基本的电力潮流方程是一致和通用的。

图 4.21 给出了用来描绘能源服务网络中 PHEV 和热电联产技术的一系列节点

方程的细节。

因此，在电力节点 k 需要用来供应给负载的总能量输入可以表示如下：

$$P_{Dk}^{grid} = P_{Dk}^{urban} + (W_k^{phev} \cdot P_{Dk}^{phev}) \tag{4.43}$$

式（4.43）右边的项代表从电网获得电力的元素，可以是 PHEV 或住宅（静态）的负载。权重系数 W_{phev} 为二进制值（即 0 或 1），分别表示 PHEV 的充电和放电状态。可以看出，P_{Dk}^{grid} 变量的上标表示组成电网总需求的元素。这里忽略了热电联产的能量输入项，而把其纳入 P_{Dk}^{total} 中考虑。

因此，在节点 k 从 G2V 和 V2G 服务设施获得的电能相比于式（4.37）和式（4.38）只有微小的变化，可以被定义如下：

$$W_k^{phev} \cdot P_{Dk}^{phev} = \eta_{G2V} \cdot G2V_k \tag{4.44}$$

$$W_k^{phev} \cdot P_{Gk}^{phev} = \eta_{V2G} \cdot V2G_k \tag{4.45}$$

热电联产机组产出的电量上文已详细说明，为了清楚起见，再次说明如下：

$$P_{Gk}^{chp} = \eta_{el}(W_k^{chp} \cdot G_{Dk}^{chp}) \tag{4.46}$$

式中，η_{el}是热电联产系统的电效率；W_k^{chp} 是热电联产的权重因子；G_{Dk}^{chp}是消耗的天然气流量。

基于满足节点 k 处的电力需求的各种不同的能量流的结合，非 PHEV 负载可以被列为城市地区传统的电力需求（例如住宅和/或商业），可表示为

$$P_{Dk}^{urban} = P_{Dk}^{total} - (W_k^{phev} \cdot P_{Gk}^{phev}) - (W_k^{chp} \cdot P_{Gk}^{chp}) \tag{4.47}$$

每个时间段的能量输入P_{Gk}^{phev}和P_{Gk}^{chp}的数值可以用 TCOPF 工具根据它的目标函数和限制条件来确定。

继而，在节点 k 处终端用户需要的总的电能可以通过协调所有可能的电力来源得到满足，表述如下：

$$P_{Dk}^{total} = P_{Dk}^{urban} + (W_k^{phev} \cdot P_{Gk}^{phev}) + (W_k^{chp} \cdot P_{Gk}^{chp}) \tag{4.48}$$

式（4.48）确保了在既定效率下从电网和分布式能源获得的总电能最终可以满足节点 k 处每个时间段内的用户负载需求。

4.4.3 电化学储能管理方程

如前文所述，电动汽车中应用最多的两种电池为锂基和镍基电池。然而，本书中并不涉及电池的电路类型，而是只关注 G2V 和 V2G 的能量输入设计。因此，此处展示的储能管理方程适用于各种电池技术。

基于目前的电池容量和驾驶情况，电池系统可能每隔一天或两天就要进行至少一次的深度放电循环，那么，在电池的生命周期中可能会有上万次放电循环[119]。由于这些原因，需要对电池的范围和 SOC 进行合理的建模，以便于电力系统的研究。电气工程的相关文献表明电池建模与水电站的调度建模相差不大[121]。组织燃料和水资源的输送来优化电能生产已经取得了很显著的成功[211]。水热的协调问题

是为了解决热力装置的要求和经济负载调度以及水电调度[212]。参考水热原则，可以采用相似的方法对电池建模，这就使得 TCOPF 工具更具备灵活性，可以评估 PHEV 的一系列不同的能源管理策略。

在本书中，电化学储能建模是通过应用分段时间优化来实现的。这种优化方法和 4.3 节所述的热电联产技术的储热系统建模有点类似。

简单起见，特定节点处的 PHEV 的电池组被简化为单个电池。因此，该节点的电容量相当于所有单个电池容量的总和。此外，每个时段都应满足 PHEV 的充电和放电限制，整个分析时段内都需满足全局约束的限制。

为了补充在上一节介绍的 PHEV 节点方程，有必要定义变量来记录电池的荷电状态（SOC）。因此，有必要引入时间变量。同样地，需要定义电池可以充入和放出的电能的总容量和单位时间的极限。

首先，每天的充放电都必须满足存储平衡方程。因此，必须将向电池输入和输出的能量表示出来。与式（4.31）类似，需要有一个 PHEV 独有的节点方程，来表示 PHEV 从电网充入（G2V）、向电网供电（V2G）和应用于交通（V2R）的总能量。该表达象征着节点 k 处的充放电平衡，电池的能量计算方程可表示为

$$\mathrm{EV}_{\mathrm{B}k}^{\mathrm{store}} = \sum_{\beta=1}^{n\beta}\left(\eta_{\mathrm{G2V}} \cdot \mathrm{G2V}_{k,\beta}^{\mathrm{store}} - \frac{\mathrm{V2G}_{k,\beta}^{\mathrm{store}}}{\eta_{\mathrm{V2G}}} - \frac{\mathrm{V2R}_{k,\beta}^{\mathrm{store}}}{\eta_{\mathrm{V2R}}}\right) = 0 \tag{4.49}$$

式中，β 是被分析的时间段；$n\beta$ 是整个时间段被划分成的时间间隔数；$\mathrm{G2V}_{k,\beta}^{\mathrm{store}}$ 是充入电池的能量（$\mathrm{Wh_{el}}$）；$\mathrm{V2G}_{k,\beta}^{\mathrm{store}}$ 是电池向 V2G 装置放出的能量（$\mathrm{Wh_{el}}$）；$\mathrm{V2R}_{k,\beta}^{\mathrm{store}}$ 是电池向 V2R 装置放出的能量（$\mathrm{Wh_{el}}$）。

为了表示节点 k 在 $\beta+1$ 时刻存储系统的 SOC，有必要得到 β 时刻的电量，可以表示如下：

$$\mathrm{EVSOC}_{k,\beta+1}^{\mathrm{store}} = \mathrm{EVSOC}_{k,\beta}^{\mathrm{store}} + \Delta\mathrm{EVSOC}_{k,\beta}^{\mathrm{store}} \tag{4.50}$$

不用说，$\mathrm{EVSOC}_{k,\beta}^{\mathrm{store}}$ 的数值在任何时间间隔都需要等于或者大于 0，因为存储量不能为负。然而，在计算某个特定时刻 β 的 SOC 的变化时，该式并不适用，需由下式确定：

$$\Delta\mathrm{EVSOC}_{k,\beta}^{\mathrm{store}} = \mathrm{G2V}_{k,\beta}^{\mathrm{store}} - \mathrm{V2G}_{k,\beta}^{\mathrm{store}} - \mathrm{V2R}_{k,\beta}^{\mathrm{store}} \tag{4.51}$$

一旦电池的 SOC 方程被确定，就需要计算影响电池的能量水平的能量输入：$\mathrm{G2V}_{k,\beta}^{\mathrm{store}}$、$\mathrm{V2G}_{k,\beta}^{\mathrm{store}}$ 和 $\mathrm{V2R}_{k,\beta}^{\mathrm{store}}$。这些能量传递数值，会改变电池的 SOC，类似于图 4.21 中的项 $P_{\mathrm{D}k}^{\mathrm{phev}}$、$P_{\mathrm{G}k}^{\mathrm{phev}}$ 和 $M_{\mathrm{G}k}^{\mathrm{phev}}$。

在时间间隔 β 内，电池装置在节点 k 处的能量输入可以被表示为

$$\mathrm{G2V}_{k,\beta}^{\mathrm{store}} = \frac{hr^{\mathrm{total}}}{n\beta} \cdot W_{\mathrm{G2V}k,\beta}^{\mathrm{store}} \cdot P_{\mathrm{D}k,\beta}^{\mathrm{phev}} \tag{4.52}$$

$$\mathrm{V2G}_{k,\beta}^{\mathrm{store}} = \frac{hr^{\mathrm{total}}}{n\beta} \cdot W_{\mathrm{V2G}k,\beta}^{\mathrm{store}} \cdot P_{\mathrm{G}k,\beta}^{\mathrm{phev}} \tag{4.53}$$

$$\mathrm{V2R}_{k,\beta}^{\mathrm{store}}=\frac{hr^{\mathrm{total}}}{n\beta}\cdot M_{\mathrm{G}k,\beta}^{\mathrm{phev}} \tag{4.54}$$

类似于变量W_k^{phev}，权重因子$W_{\mathrm{G2V}}^{\mathrm{store}}$和$W_{\mathrm{V2G}}^{\mathrm{store}}$是调度因素，可以取 0 或 1 两种值，目的是在需要的时间段实现给存储系统充电或者放电。但需要注意的是，在实际交通情况下并不存在权重因子，驾驶员可以在任何时候使用车辆。联立式(4.52) ~ 式（4.54），并结合式（4.51），我们就可以确定每个时间间隔内存储装置的电量变化。

利用率（UF）表示用于驾驶的电量在总储存电量中所占的比例；在节点 k 处可以表示为

$$\mathrm{UF}_{\mathrm{phev}}=\sum_{\beta=1}^{n\beta}\left(\frac{\mathrm{V2R}_{k,\beta}^{\mathrm{store}}}{\mathrm{EVSOC}_{k,\max}^{\mathrm{store}}}\right) \tag{4.55}$$

式中，$\mathrm{EVSOC}_{k,\max}^{\mathrm{store}}$表示节点 k 处的最大的存储容量。

UF 的值取决于汽车所消耗的能量。公用事业和利益相关者可以以此为基础来分析和预测 PHEV 所需的能量，以及 PHEV 可为辅助服务提供的 V2G 容量。

因此，UF 指标有助于计算辅助运输率（ATR），即用于 V2G 服务的充满电的电池的分配比例，定义如下：

$$\mathrm{ATR}_{\mathrm{phev}}=1-\mathrm{UF}_{\mathrm{phev}}=\sum_{\beta=1}^{n\beta}\left(\frac{\mathrm{V2G}_{k,\beta}^{\mathrm{store}}}{\mathrm{EVSO}_{k,\max}^{\mathrm{store}}}\right) \tag{4.56}$$

当然，从存储装置放出的可用的电能和电池系统的效率有着紧密的联系。所以，在一个充满电的电池中，有多少电能可用取决于该电池的电气特性。电池的作用是为了满足日常交通的基本能量需求，可以假设一系列汽车的放电能力和白天它们充入的能量是紧密相关的；这个观点和存储平衡方程（4.49）相关，可被定义为

$$\sum_{\beta=1}^{n\beta}\eta_{\mathrm{G2V}}\cdot \mathrm{G2V}_{k,\beta}^{\mathrm{store}}=\sum_{\beta=1}^{n\beta}\left(\frac{\mathrm{V2G}_{k,\beta}^{\mathrm{store}}}{\eta_{\mathrm{V2G}}}+\frac{\mathrm{V2R}_{k,\beta}^{\mathrm{store}}}{\eta_{\mathrm{V2R}}}\right) \tag{4.57}$$

这样就可以使用于 TCOPF 模拟工具的 PHEV 储能框架公式化。使用这个方法，很清楚的是能源服务网络中的 PHEV 系统可以为能源消费和能量的运输提供额外的自由度，也会对基础设施的操作产生内在的影响。

通过向 TCOPF 模型中引入 PHEV 等式，可以评估这些移动智能体对能源服务网络产生的影响。因此，为了量化分布式能源会对电网产生的影响，TCOPF 工具起到了中介的作用，协调输电系统和接入电网的车辆之间的关系，同时也对热电联产机组所产生的影响进行评估。根据 TCOPF 方程式模拟的目标函数，可以确定 PHEV 装置的优化调度策略，因此可以得到对嵌入式分布式能源技术进行优化协调的一般规则。下一章将介绍 TCOPF 问题的建模方法。

第 5 章　能源服务网络的时序最优潮流

通过模拟高频出现的插电式混合动力汽车（PHEV）和嵌入到电网的热电联产（CHP）技术，能够使这些装置在各种控制条件下得到最优化运行，这些控制条件最终可能加强电力和天然气网络运行。此外，如果在这个问题中考虑到电动汽车到电网（V2G）和蓄热特性，这些嵌入式技术会对公用事业产生更大的影响。因此，建立电力和天然气输配网络的模型框架（详见第 3 章），并阐明不同控制机制的特点和嵌入式技术的原理（详见第 4 章），就有可能整合所有相关概念，建立时间协调最优潮流（TCOPF）模型。

本章介绍了 TCOPF 优化程序的开发，着重讨论了电力和天然气网络中嵌入式技术和最优潮流的优化调度问题，并通过数学方法来建立模型和求解。因此，TCOPF 可作为优化工具对嵌入式技术和能源服务网络进行协调，提高其成本效益。

全面分析能源网络需要面对的问题：

- 在什么情况下就地发电比较好？
- 什么时候充电或放电比较适当？
- 如果分布式能源（DER）技术在协同的方式下运行，那什么样的电力和天然气负载变化才是正常的？

5.1　TCOPF 问题概述

5.1.1　问题描述

基本潮流问题的任务是根据给定的运行条件和网路结构确定整个系统的运行状态。但最优潮流问题与此不同，它需要根据目标函数调节某些控制变量的给定值，追求最小运行费用，或者最小网损、最小甩负载、最高电压水平等。也就是说，最优潮流问题是在满足系统运行和安全约束的前提下，通过控制变量的优化，来获得一个系统的最优运行状态[173]。

在实际应用中，以下几点可对可行潮流解进行验证[213]：

- 梯度向量等于 0；
- 功率不匹配要在规定的范围之内；
- 同时满足等式约束条件和不等式约束条件；
- 如果约束条件发生变化，需进一步修改目标函数的潮流解。

最优潮流计算在电力系统中有着广泛的应用。但本书中所采用的 TCOPF 着重于解决系统运行问题，包括输配层面和能量转换与存储技术等方面的最优潮流问题。因此，TCOPF 工具主要用于 PHEV 和热电联产装置的优化调度，使之与电网规划相协调，更好地发挥其优势。

在这项工作中，多数 TCOPF 问题聚焦于最小化一个被一组非线性约束限制的多周期间隔基础上的非线性目标函数。通过分析能源服务网络在整个运行周期内的运行状态，例如一天内的负载状况，TCOPF 工具可以调用其控制元件和技术来判断一天中的最佳时刻。基于这些特点，TCOPF 的数学问题可归类为典型的由连续规划和混合整数规划组成的多周期非线性约束优化问题[214]。

为了更好地理解 TCOPF 工具对于集成电力和天然气网络分析所需考虑的部分，图 5.1 描述了一个用于多个能量流的辐射网络工程。

为了实际应用，可以将 TCOPF 程序看作是公用事业的一个有趣的和有用的应用程序。这个观点背后的原因是可以预见的，在未来，输电网中将会有大量的 PHEV 和热电联产装置，配电网运营商（DNO）不会单独监视和控制每个分布式资源。相反，网络运营商会倾向于对这些分布式能源技术所代表的总容量进行部分控制。因此，如果有一个独立的实体充当汇总者和决策者，并能以最优的方式协调 DNO 和嵌入式技术间的相互作用，那么，其对于利益相关者来说是大有裨益的。这种整合使得该实用程序可以处理大量的可控发电和负载的预定义源数据。因此，在这项工作中所进行的模型研究，所谓的“全球协同实体”是由 TCOPF 程序所描绘的。

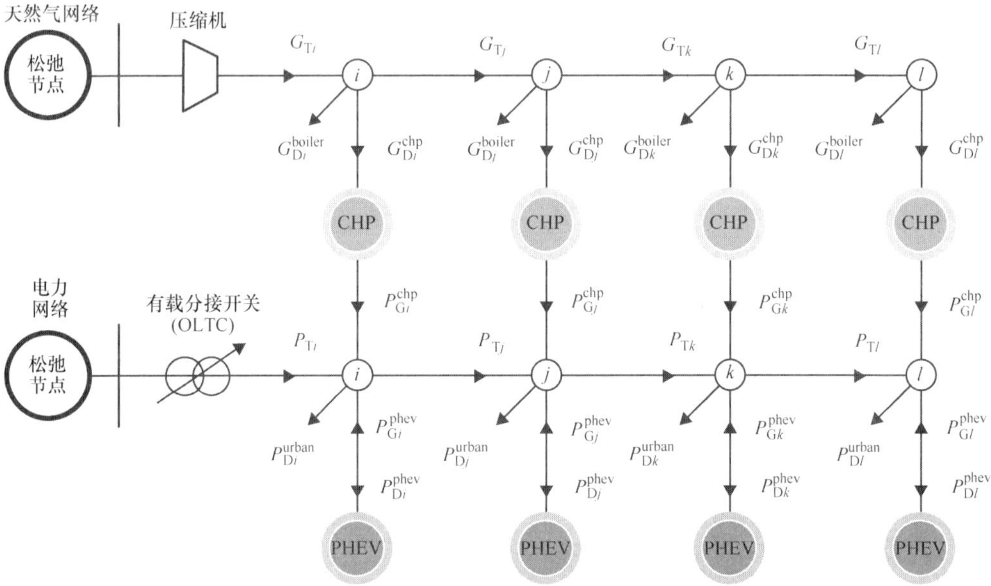

图 5.1　可以在 TCOPF 中模拟的径向网络的简化说明

根据以上内容，TCOPF 与辅助服务供应者起着相同的作用，即发送基于电网状态和接入电网的嵌入式技术的状态的操作信号。因此，在这项研究中，TCOPF 工具可以被看作是能够调整需求响应策略的主体。需求响应是指在系统需要的时候主动地控制负载，例如需求高峰时期或者市场电价高的时候，以建立供需平衡[33]。总的来说，这些类型的服务是有价值的，因为它们可以提供储备容量，延迟负载需求，从而提高网络可靠性[21]。

要使聚合器正常运行并发挥作用，还需要一种类似于图 5.2 中所描述的通信结构，即聚合器高度依赖无线互联网和全球定位系统（GPS）服务[126]。尽管设计聚合体的通信结构不在本书研究的范围之内，图中显示了分布式能源的有效监控所需的主要元素。这种结构有助于协调聚合器保障其备用容量服务。该主题的一个方案可使间歇性可再生能源集成到电网中。这种“灵活容量”将通过频繁核实分布式能源的可用余量来确定，通过电力日前市场来优化可用能源。一旦就位，聚合器将通过弹性数据链路迅速地与实用程序和相互联系的分布式能源通信，例如有足够的低延迟和低带宽的互联网协议，使得在必要的时候发送和接受命令成为可能[52]。

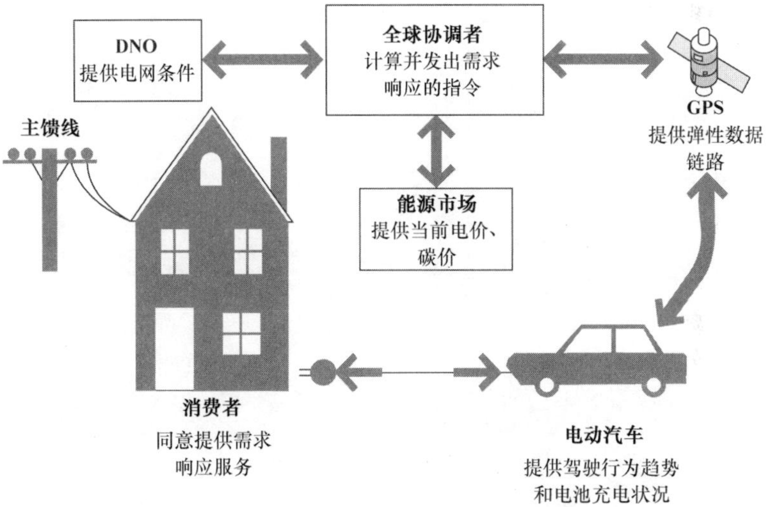

图 5.2 为实现需求响应服务而用于协调 PHEV 和热电联产技术的主要组成部分[126]

同样重要的是，聚合器在需求响应供应的条件下要能够正常运行就需要考虑每一个可用的 PHEV 和热电联产装置。在这个前提下，聚合器将采用调度算法并将其结果传达给每一个分布式能源装置，以此优化协调供应能力。尽管预测提供辅助服务的经济价值不在这项工作的范围内，但是了解负载控制行为的技术价值是十分重要的。

5.1.2 优化求解

TCOPF 是一个有线性和非线性等式和不等式约束的多周期非线性优化问题，这些约束已被编码在 gPROMS™软件中[209]。优化求解器的目的是通过同时计算基础设施和嵌入式设备运行参数以保证整个能源服务系统处于最优运行状态。这意味着求解器在求解任何所提出的目标函数时是全局的和公正的，gPROMS™不偏好任何 DNO 或者分布式能源技术。

gPROMS™为高度复杂的系统提供了一个模拟其运行状况的环境。虽然在默认情况下，gPROMS™主要处理动态类型的优化问题，但也有可能执行多种多周期系统稳态优化。从数学的观点上来说，这等同于解决代数问题的快照，通过操纵一系列连续或离散的优化决定变量在满足非线性约束的条件下来最小或最大化一个非线性目标函数。因此，gPROMS™软件的特点很适合 TCOPF 程序的执行。

TCOPF 使用稳态控制向量参数化（CVP－SS）解决方法（gPROMS™有此功能）来对带有嵌入式技术的电力和天然气网络进行分析。尽管各种各样的分段控制以线性和多项式存在，在这项工作中 CVP－SS 方法假定所有的随时间变化的控制变量是工作在区间指定数量的分段常数函数，正如图 5.3 中所描述的例子。

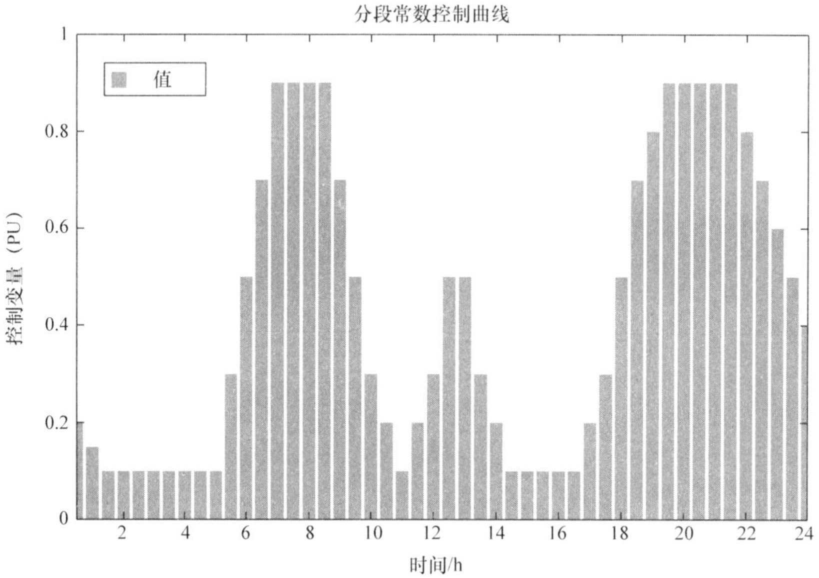

图 5.3　分段常数控制曲线的一个例子

正如它们的名字所暗示的，分段常数控制在下一时间间隔离散地变为不同的值之前有一个部分时间范围内的设定值。

因此，控制变量的分段特性可以很好地执行并能恰当地表示有载分接开关（OLTC）、压缩机、PHEV 和带储热的热电联产的特性。这些控制变量每个时间间隔的值由优化算法确定，同时该时间间隔的长度是输入数据的一部分。

此外，相比于该问题中的变量总数，TCOPF 程序所包含的控制变量较少，所以，求解算法只需处理少量决策。因此，CVP－SS 方法适用于解决类似本文研究的复杂能源服务网络中的最优潮流和调度问题。因此 TCOPF 程序可以通过几次独立于网络尺寸或拓扑的迭代得到一个最佳的解决方案。

gPROMS™ CVP－SS 求解程序在实现其优化算法时涉及以下步骤：

- 从初始时间间隔开始，通过分析和确定整个时间范围内所有变量的时间函数来确定优化算法。
- 优化器决定控制变量在什么时候以及多长时间内有效，同时计算控制变量的值。
- 以前的信息用来确定下列的值：
  - 被提出的标量值的目标函数；
  - 优化算法必须满足的所有约束条件。
- 基于上述数据，求解器会修正它第一次的迭代值并且不断重复这个过程直到收敛到最佳值。

5.1.3　TCOPF 工具的输入数据和假设

为了执行优化程序，TCOPF 编码需要一系列的输入数据（例如一维或二维矩阵）来处理和计算能源服务网络和嵌入式技术中的最优运行值。如果没有另外说明，TCOPF 程序解决的优化问题的输入数据是基于以下的简化：

- 为了建立连接矩阵，所有的节点和分支都已经过分类；
- 每个网络的第一个节点是“松弛的”或者是参考点并且没有负载的需求，对于剩余节点，均假设其电压值或气压值为 1PU，以此进行 TCOPF 求解；
- 在每一个被评估的时间间隔内，所有节点处的电能、热能和运输功率负载都是分段常数；
- 优化的周期共分为 48 个时间段，每 30min 为一个时间段，以模拟日常运行状态；
- 在整个网络中，电力电缆和燃气管道的数据值（即导纳和摩擦系数）是不变的，且不受其长度的影响；
- 所有的节点上的分布式能源技术的线性转换和存储效率参数都是相同的；
- 所有影响 G2V 和 V2G 性能的权重因数以及储热元件在所有的时间间隔中都有效（即等于 1 或为真值）；
- 由于采用分布式能源技术供能，现货市场价格是固定的，且价值不变。

本次研究的时间跨度限定为一天，以此为基础来分析每日的能源需求与供应。因此，每日的电力和热功率需求的负载曲线是此模型的输入数据。这里使用的电力和天然气需求来自于英国不同类型顾客的历史数据[216]。根据这一情况，处理不同能源基础设施和技术时可能会产生混淆，应把所有的能量流和容量都从其标准单位转换为千瓦，然后再转换为单位（PU）数量（使用附录 F 中的转换因子）。对于电力和天然气网络中的电缆和管道数据以及长度特征，分别使用类似的方法进行转换。使用 PU 度量系统是因为该系统能清晰地表述出复杂能源系统中的多个变量的大小，例如第 6 章中所评估的。

TCOPF 工具假设能源交易只发生在变电站之间，例如电网中某个变电站需要需求响应服务时。因此，对连接到输配网络中的分布式能源装置进行最优协调，以确保其可行性和效率。总的来说，相比于之前应用于热水器、制冷系统和空调等小型设备中的负载控制程序[217]，TCOPF 所扮演的协调角色与之类似。

TCOPF 问题中出现的控制变量有以下的假设：

- 有载分接开关和压缩机的工作范围已预先确定并且空闲时有 1PU 的值；
- 由热电联产装置提供的最大节点电量和热容量，以及 PHEV 的充放电电量都是预先设定的并取决于每个节点的普及程度；
- 尽管分布式能源装置的所有人不能完全控制他们的装置，但他们可以自由设定 PHEV 或者储热器充满电的时间（例如，早上 7 点）。

5.2　TCOPF 的目标函数

虽然有大量合理的目标函数可以用来优化能源公用事业的运行，但本书主要的工作是评估不同的操作策略下嵌入式技术对能源服务网络的优化运行有何技术－经济影响。

5.2.1　即插即忘

假设 PHEV 和热电联产装置像很多新技术刚问世时那样缺乏监管和负载控制，那么，DNO 将只对其技术状况进行监控。这意味着，不到万不得已，DNO 绝不会启用控制装置。基于这些前提，这个操作策略（即一切正常）被贴上了“即插即忘”的标签。因此，这个问题的解决方法是尽量减少使用控制机制，同时始终保证每个节点的需求，满足一切操作条件。因此天然气网络的目标是尽量减少压缩气体的消耗，而对于电网，其目标是使电压尽可能保持稳定。根据所采用的方法，这些控制装置的运行参数都为标量值函数。此后，分布式能源装置完全按照用户设定的指令来运行，在建模方面指该技术的节点权重因子。

5.2.2　燃料成本

燃料成本最小化，通常被称为经济调度，或许是能源系统运行中最常见的优化目标。经典的方法包括基于它们的成本来分配供热设备，其中成本被建模成所产生能量的二次函数。因此，在 TCOPF 工具的框架内，目标函数的目的包括电网供应点的经济调度和有助于发电的分布式能源装置，这样在满足操作可行性限制的同时使燃料成本最小。在这项工作中，输送规定能量的燃料成本被描述为在单位时间内各能量源所提供的平均功率的多项式函数。这意味着，事实上燃料成本函数是平滑和二次型的。虽然也是二次型的，但是认为 PHEV 和热电联产系数将比那些电网供应点的更高。

5.2.3　能量损失

从能源效率的角度来看，对于有功功率传输来说损失是不可避免的，可以想象，公用事业为了提高电网的利用率和满足监管部门的激励机制会尽可能地使能量损失最小化。通过降低功率损失，可以改善电压质量，使负载电压更稳定，改善电能的质量，同时降低事故发生率。如此一来，“损失最小化”运行策略意味着 TCOPF 要同时协调分配控制机制和相关联的分布式能源装置以提高能源到用户之间的传递效率。因此在天然气系统中目标函数聚焦于降低在管道流动中由于节点间压力降所造成的损失。同时，电力系统中对于目标函数也采用相应的措施，来减小系统总发电量和总负载之间的差额，即减小损失。

5.2.4　能源成本

在一个以 PHEV 和热电联产成本管理为最高优先级的能源市场背景下，所提出的优化问题探讨了通过日前天然气市场和电力现货市场价格来减少能源系统中的总能源成本。因此，TCOPF 工具在制定“能源成本最小化”策略时，只要基础设施在规定范围内运行，就可以不考虑技术效益，并允许分布式能源技术根据经济性原则来建立分时能源价格函数，以此来优化运行。该策略不考虑系统的负载状况，鼓励 PHEV 在一天中电价较低时进行充电。同样地，如果电价丰厚，即使住宅区无需热力供给，热电联产也将致力于发电。因此，这种优化算法的标量值目标函数是为了得出能源服务网络中不同供应点之间的最低能源现货价格。

5.2.5　综合目标

如果利益相关者将两个或者更多的前述运行策略结合起来，TCOPF 方程可以实现多目标优化，这可表述为单个目标的加权线性组合。例如，它可能是一个双目标 - 现货能源和碳排放成本 - 优化，并侧重于最小化这两个函数。

5.3　TCOPF 的数学公式

本节详细介绍了与本研究有关的优化方程和研究方法。如前面所述，嵌入式技术对能源服务网络优化运行的影响涉及多个方面，例如功率输送、转换和储存的问题。因此，基于所选择的目标函数和保障系统正常运行的安全约束条件，TCOPF 方程决定了带有分布式能源技术并相互连通的电力和天然气网络的优化运行策略的结果，从而给出了整个能源系统日常稳定运行状态的全貌。

5.3.1　目标函数的公式

TCOPF 方法将通过所选择的目标函数来调用系统变量，以实现特定的目标，同时计算网络的潮流问题和该控制机制下的运行参数。可以推断出，最优解取决于很多因素，需进行灵敏度分析，例如现货价格和特定时间间隔内分布式能源的分配能力。

基于 5.2 节中所提出的运行策略，所述数学公式将包括该问题时间范围内的全部时间间隔，因此集成的天然气和电力 TCOPF 可以在下节中讨论。

5.3.1.1 即插即忘情景

$$\min\sum_{\beta=1}^{n\beta}\left[\sum_{\alpha=1}^{nG_c}(\lambda_{cm}\cdot G_{D\alpha,\beta}^{com})+\sum_{\alpha=1}^{nP_t}(1-\lambda_{cm})\cdot(|t|_{\alpha,\beta}-1)\right] \tag{5.1}$$

式中，α是所分析的单位指数；β是分析中的时间间隔；$n\beta$是整个时期划分成的时间间隔数量；nG_c是天然气网络中压缩机的数量；nP_t是电力网络中有载分接开关的数量；$G_{D\alpha,\beta}^{COM}$是压缩机在β时间段内节点α处的天然气需求量；$|t|_{\alpha,\beta}$是有载分接开关在β时间段内节点α处的调幅度；λ_{cm}是控制机制的权重因子。

注意：公式中的分接头值是有限制的并且不小于1。

式（5.1）描述了减少使用压缩机站和有载分接开关的标准（详见5.2.1节）。

5.3.1.2 燃料成本最小化情景

$$\min\sum_{\beta=1}^{n\beta}\left[\sum_{\alpha=1}^{nG_g}G_{F\alpha,\beta}+\sum_{\alpha=1}^{nP_g}P_{F\alpha,\beta}\right] \tag{5.2}$$

式中，α是分析中的单位指数；β是分析中的时间间隔；$n\beta$是整个时期划分成的时间间隔数量；nG_g是天然气网络中供应点的数量；nP_g是电力网络中供应点的数量；$G_{F\alpha,\beta}$是供应点α在β时间段内的天然气燃料成本；$P_{F\alpha,\beta}$是β时间段内节点α处的电力燃料成本。

注意：电力燃料成本P_F是供应点和每个节点分配的分布式能源成本之和；这意味着提供微型热电联产和PHEV V2G服务的二次型性能指标被纳入了二次供应点成本函数。

式（5.2）通过考虑两方面因素来减少总成本（详见5.2.2节）：一是天然气输送成本；二是所有提供有功功率的装置成本。

5.3.1.3 能量损失最小化情景

$$\min\sum_{\beta=1}^{n\beta}\left[\sum_{\alpha=1}^{nG_p}G_{L\alpha,\beta}+\sum_{\alpha=1}^{nP_l}P_{L\alpha,\beta}\right] \tag{5.3}$$

式中，α是分析中的单位指数；β是分析中的时间间隔；$n\beta$是整个时期划分成的时间间隔数量；nG_p是天然气网络中的管道数量；nP_l是电力网络中线路的数量；$G_{L\alpha,\beta}$是天然气网络的管道α在β时间段内的能量损失；$P_{L\alpha,\beta}$是电力网络线路α在β时间段内的功率损失。

式（5.3）描述了损失最小化准则，即减少发生在能源网络中所有管道和电缆的损耗，并以瓦特为单位计量（详见5.2.3节）。

5.3.1.4 能源成本最小化情景

$$\min\sum_{\beta=1}^{n\beta}\left[\sum_{\alpha=1}^{nG_g}G_{P\alpha,\beta}+\sum_{\alpha=1}^{nP_g}P_{P\alpha,\beta}\right] \tag{5.4}$$

式中，α 是分析中的单位指数；β 是分析中的时间间隔；$n\beta$ 是整个时期划分成的时间间隔数量；nG_g 是天然气网络供应点的数量；nP_g 是电力网络供应点的数量；$G_{P\alpha,\beta}$是供应点 α 在 β 时间段内的现货市场天然气成本；$P_{P\alpha,\beta}$是供应点 α 在 β 时间段内的现货市场电力成本。

注意：总能源成本为能源成本（来源于日前市场）和供应的能源数量的乘积。在分别得到提供天然气（G_P^{total}）和电能（P_P^{total}）的总成本后，将其相加，可以得出城市能源系统的总能源成本，如下所示：

$$E_P^{total} = G_P^{total} + P_P^{total} = \sum_{\beta=1}^{n\beta}\left[\sum_{\alpha=1}^{nG_g} G_{P\alpha,\beta} + \sum_{\alpha=1}^{nP_g} P_{P\alpha,\beta}\right] \tag{5.5}$$

式中，E_P^{total} 是能源消耗以现货市场价格表示的总成本；G_P^{total} 是天然气能源消耗以现货市场价格表示的总成本；P_P^{total} 是电力能源消耗以现货市场价格表示的总成本；α 是分析中的单位指数；β 是分析中的时间间隔。

式（5.4）着重于最小化能源成本，该成本以现货市场价格计算，以货币单位来衡量（详见5.2.4节）。

5.3.1.5　多目标最小化情景（如现货价格成本与排放成本）

$$\min\sum_{\beta=1}^{n\beta}\left[(\omega)\cdot\left(\sum_{\alpha=1}^{nG_g} G_{E\alpha,\beta} + \sum_{\alpha=1}^{nP_g} P_{E\alpha,\beta}\right) + (1-\omega)\cdot\left(\sum_{\alpha=1}^{nG_g} G_{P\alpha,\beta} + \sum_{\alpha=1}^{nP_g} P_{P\alpha,\beta}\right)\right] \tag{5.6}$$

式中，α 是分析中的单位指数；β 是分析中的时间间隔；$n\beta$ 是整个时期划分成的时间间隔数量；$G_{E\alpha,\beta}$是天然气供应点 α 在 β 时间段内的排放成本；$P_{E\alpha,\beta}$是电力供应点 α 在 β 时间段内的排放成本；$G_{P\alpha,\beta}$是供应点 α 在 β 时间段内的现货市场天然气成本；$P_{P\alpha,\beta}$是供应点 α 在 β 时间段内的现货市场电力成本；ω 是排放成本相对于现货市场价格的权重因子，如果 $\omega=1$，那么就能实现最小排放成本，如果 $\omega=0$，那么就能实现最小能源成本。

注意：碳成本是由碳的单价（来自于碳交易市场）乘以供应能源的数量来决定的。在得到供应天然气总排放成本 G_E^{total} 和电力总排放成本 P_E^{total} 后，将其相加，因此可以计算出城市能源系统的总排放成本，如下面方程所述：

$$E_E^{total} = G_E^{total} + P_E^{total} = \sum_{\beta=1}^{n\beta}\left[\sum_{\alpha=1}^{nG_g} G_{E\alpha,\beta} + \sum_{\alpha=1}^{nP_g} P_{E\alpha,\beta}\right] \tag{5.7}$$

式中，E_E^{total} 是在现货碳排放因子下的能源排放总成本；G_E^{total} 是在现货碳排放因子下天然气排放总成本；P_E^{total} 是在现货碳排放因子下电力排放总成本；α 是分析中的单元指数；β 是分析中的时间间隔。

注意：可以参看图6.4和图6.5获得更多信息，图中所示为能源现货价格和碳排放因子的例子；也可参看表6.3，表中列出了每一发电技术的碳排放因子。

式（5.6）结合了基于能源现货价格输送能量所产生的价格成本和发电排放成本。这里所呈现的双目标函数是运行策略之间的加权线性关系，其中 ω 是排放成本对于现货价格成本的权重因子，其值可根据特定目标的优先级进行调整。不同 ω 值的存在可以体现优化过程的矛盾，即同时最小化排放成本和现货价格成本。换句话说，减少排放将提高成本，反之亦然。

5.3.2 约束条件

尽管目标函数公式可能不一样，但所有的 TCOPF 公式的等式和不等式约束有很多相似之处。正如预期的，所有这些约束条件都为所分析的集成能源系统的可行解定下了范围。

TCOPF 约束条件可以分类为：

- 快照约束（例如每一时间间隔）；
- 全局约束（例如整个问题范围）；

在每一时间段 β 制定快照约束。

5.3.2.1 关于电网

$$P_{G\alpha} - P_{D\alpha} - P_{T\alpha} = 0 \qquad \forall \alpha \in P_n \qquad (5.8)$$

$$Q_{G\alpha} - Q_{D\alpha} - Q_{T\alpha} = 0 \qquad \forall \alpha \in P_n \qquad (5.9)$$

$$V_{\alpha,\min} \leqslant V_{\alpha} \leqslant V_{\alpha,\max} \qquad \forall \alpha \in P_n \qquad (5.10)$$

$$P_{T\alpha,\min} \leqslant P_{T\alpha} \leqslant P_{T\alpha,\max} \qquad \forall \alpha \in P_l \qquad (5.11)$$

$$|t|_{\alpha,\min} \leqslant |t|_{\alpha} \leqslant |t|_{\alpha,\max} \qquad \forall \alpha \in P_t \qquad (5.12)$$

$$P_{G\alpha,\min}^{chp} \leqslant P_{G\alpha}^{chp} \leqslant P_{G\alpha,\max}^{chp} \qquad \forall \alpha \in P_n \qquad (5.13)$$

$$P_{D\alpha,\min}^{phev} \leqslant P_{D\alpha}^{phev} \leqslant P_{D\alpha,\max}^{phev} \qquad \forall \alpha \in P_n \qquad (5.14)$$

$$P_{G\alpha,\min}^{phev} \leqslant P_{G\alpha}^{phev} \leqslant P_{G\alpha,\max}^{phev} \qquad \forall \alpha \in P_n \qquad (5.15)$$

$$\mathrm{EVSOC}_{\alpha}^{store} \geqslant 0 \qquad \forall \alpha \in P_n \qquad (5.16)$$

式（7.4）和式（7.5）分别指有功、无功功率流守恒，这是每个节点必须满足的节点平衡，为简单起见，来自于分布式能源技术的需求和发电输入没有详细说明。现在，式（7.6）代表节点处的电压极限，式（7.7）给出了线路的热限制，以满足电力输送的基本条件；同时式（7.8）指定了分接开关容许运行范围。式（7.9）详细介绍了每个节点的热电联产发电，同样地，式（7.10）和式（5.15）限定了 PHEV 在每一节点可充电和放电的功率范围。最后，式（5.16）确保节点 PHEV 存储系统在所有时间内其 SOC 值必须等于或大于 0。

5.3.2.2 关于天然气网

$$G_{G\alpha} - G_{D\alpha} - G_{T\alpha} = 0 \qquad \forall \alpha \in G_n \qquad (5.17)$$

$$p_{\alpha,\min} \leqslant p_{\alpha} \leqslant p_{\alpha,\max} \qquad \forall \alpha \in G_n \qquad (5.18)$$

$$G_{T\alpha,\min} \leqslant G_{T\alpha} \leqslant G_{T\alpha,\max} \qquad \forall \alpha \in G_p \tag{5.19}$$

$$R_{\alpha,\min}^{com} \leqslant R_{\alpha}^{com} \leqslant R_{\alpha,\max}^{com} \qquad \forall \alpha \in G_c \tag{5.20}$$

$$G_{D\alpha,\min}^{chp} \leqslant G_{D\alpha}^{chp} \leqslant G_{D\alpha,\max}^{chp} \qquad \forall \alpha \in G_n \tag{5.21}$$

$$T_{D\alpha,\min}^{store} \leqslant T_{D\alpha}^{store} \leqslant T_{D\alpha,\max}^{store} \qquad \forall \alpha \in G_n \tag{5.22}$$

$$T_{G\alpha,\min}^{store} \leqslant T_{G\alpha}^{store} \leqslant T_{G\alpha,\max}^{store} \qquad \forall \alpha \in G_n \tag{5.23}$$

$$\text{ISOC}_{\alpha}^{store} \geqslant 0 \qquad \forall \alpha \in G_n \tag{5.24}$$

式（5.17）指每一节点都必须满足天然气流量守恒；为简单起见，没有详细说明热电联产技术的需求输入量。同时，式（5.18）表示了节点处的压力极限，式（5.19）给出了管道中的负载流量限制，以满足正常的天然气输送基本条件。同样地，式（5.20）详细描述了网络中压缩机的容许工作范围。式（5.21）详细介绍了每一节点热电联产天然气的消耗，同时，式（5.22）和式（5.23）限制了每个节点存储系统的蓄热和放热量。最后，式（5.24）保证了在所有时间内，节点储热系统的 SOC 值等于或大于 0。

上述的快照约束是限制 TCOPF 框架中能源系统运行的基本方程。

全局约束为整个分析周期内系统必须满足的条件。

5.3.2.3　关于嵌入电网的 PHEV

$$\text{EV}_{B\alpha}^{store} = 0 \qquad \forall \alpha \in p_n \tag{5.25}$$

$$\text{EVSOC}_{\alpha,\beta}^{store} = \text{EVSOC}_{\alpha,\max}^{store} \qquad \forall \alpha \in p_n \tag{5.26}$$

$$\text{G2V}_{\alpha,\beta}^{store} - \left(P_{D\alpha,\beta}^{phev} \cdot \frac{hr^{total}}{n\beta} \right) = 0 \qquad \forall \alpha \in p_n,\ \forall \beta \in n\beta \tag{5.27}$$

$$\text{V2G}_{\alpha,\beta}^{store} - \left(P_{G\alpha,\beta}^{phev} \cdot \frac{hr^{total}}{n\beta} \right) = 0 \qquad \forall \alpha \in p_n,\ \forall \beta \in n\beta \tag{5.28}$$

式（5.25）保证了所有电池系统的净零存储平衡，同时不忘在特定时间满足完全充满电池的需求［式（5.26）］。因此式（5.27）和式（5.28）验证了由 PHEV 冲和放的总电量与单个能量输入分量总和一致。

5.3.2.4　关于嵌入天然气网络的热电联产装置

$$T_{B\alpha}^{store} = 0 \qquad \forall \alpha \in G_n \tag{5.29}$$

$$\text{TSOC}_{\alpha,\beta}^{store} = \text{TSOC}_{\alpha,\max}^{store} \qquad \forall \alpha \in G_n \tag{5.30}$$

$$\text{EC}_{\alpha,\beta}^{store} - \left(T_{D\alpha,\beta}^{store} \cdot \frac{hr^{total}}{n\beta} \right) = 0 \qquad \forall \alpha \in G_n,\ \forall \beta \in n\beta \tag{5.31}$$

$$\text{ED}_{\alpha,\beta}^{store} - \left(T_{G\alpha,\beta}^{store} \cdot \frac{hr^{total}}{n\beta} \right) = 0 \qquad \forall \alpha \in G_n,\ \forall \beta \in n\beta \tag{5.32}$$

式（5.29）建立了在分析期间所有的储热系统都要满足的净零存储平衡，同时不忘按式（5.30）要求在特定的时间间隔内完全充满存储器。接下来，式（5.31）和式（5.32）验证了储热器充放的总能量与单个能量输入分量总和一致。

从中可以看出，储热器和电动汽车的储能平衡需满足上面的全局约束。修改快照或全局范围项的限制使我们能够灵活地模拟各种场景，从而使工具得到了极大的应用。此外，还可以添加更多约束来完善建模框架，例如如果考虑光伏发电。同样地，可以将第6章进行的单日分析扩展到更长时间段（例如每周）。

5.3.3 TCOPF 问题和求解的特性

正如之前所提的，TCOPF 问题是通过在 gPROMS™ 软件中运行一个多周期非线性的优化来编程、执行和求解的。为了优化问题能够在这个特殊的软件中被执行，在 gPROMS™ 项目文件夹中必须指定各种文件，这些文件是：

- 模型实体：让使用者在解决集成潮流问题时能够规定所有要求的变量和参数，换言之，核心的数学公式已在该环境下开发。此外，构成能源服务网络、控制机制、转换技术和存储系统的方程都已在此处编码。
- 过程实体：包括了所有的输入数据（如节点分类、连接矩阵、负载数据、权重因子、成本函数系数等），从而使用户能够给参数和控制变量赋值。
- 优化实体：容许用户定义目标函数同时还容许建立初始控制变量值，也定义不等式控制变量的下界和上界。同样地，在该文件中确定了等式约束变量的值。

一旦 gPROMS™ 解决了待分析的 TCOPF 问题，就会提供一份总结报告，包含以下结果：

- 优化求解过程所需的时间；
- 目标函数的最终值；
- 时间间隔限制所达到的极限的详细信息；
- 指定约束的每一时间间隔的变量值；
- 每一时间间隔所选中的控制变量值；

除了由 TCOPF 工具所提供的“硬输出数据”需要深入分析外，由于该优化问题的非线性特征，还需运用卡罗需 - 库恩 - 塔克（KKT）最优条件来求解最优值（见附录 G）。正如基本的最优潮流问题选择牛顿法来进行求解（见附录 H）。

尽管该结果并不是显而易见的，关于燃料成本的经济函数可以通过获得由其函数产生的边际目标值而提供重要的数据。网络中的价格会根据分布式能源装置所能提供的负载而变化，而这些边际值有助于我们弄清价格的变化机制，同时降低能量输送成本。当比较不同的分布式能源运行策略对能源服务网络性能的影响时，像这样的数据就提供了有价值的信息。

正如本章所述，在现存的嵌入式技术下实现电力和天然气网络互联整合的最优化是有可能的。通过将目标函数、约束概念和第 3、4 章中的模型合并，TCOPF 工具能够在多个时间段内协调和评估能源基础设施的性能。因此，优化求解器给出了最优潮流传输和转换技术调度的解决方案，同时也考虑了能源存储管理问题。

虽然综合能源系统分析的框架已经搭建，但仍有必要通过案例研究来评估模型工具的适用性以获得更深层的知识。进行案例研究使我们能够分析这一优化方案的技术 - 经济产出数据，例如当嵌入式技术已盛行于能源网络中时，确定可能出现的不同的负载曲线和运行模式；这些例子都将在第 6 章呈现，第 7 章对 TCOPF 程序进行了扩展，考虑了 PHEV 的机动性，并通过一个翔实的案例介绍了电动汽车的有序充电模式。

第 6 章　能源服务网络中的分布式能源优化：案例分析

本章介绍了在时间协调最优潮流（TCOPF）程序中执行的一些优化仿真实例的可能应用与基本特点。基于一些较为实际的假设，采用第 5 章中所构建的运行策略阐述了多个具有说明性的小型案例。简单起见，我们以一个小型的城市径向网络基础设施为例来分析描绘能源系统的运行情况。因此，实例中所产生的结果适用于以下优化案例的分析：

- 即插即忘；
- 燃料成本；
- 能量损失；
- 能源成本；
- 能源和排放成本。

由输出的数据得到有关未来能源服务网络最优运行的多方面的重要信息。总的来说，我们可以从结果得到分布式能源（DER）技术如何最优运行的初步资料。这反过来又有助于利益相关者对协调带有存储功能的嵌入式设备和其所连入的基础设施时可能遇到的技术经济性问题进行权衡。因此，一旦所有的优化方案都得以建模，就可以通过模拟的主要结果来对 TCOPF 建模框架的优缺点进行评价。

6.1　TCOPF 能源服务网络案例研究

6.1.1　输入数据和假设

运行 TCOPF 工具所需要的输入数据主要有三组：

- 天然气和电力网络的特点；
- 热能和电力负载曲线；
- 热电联产（CHP）和插电式混合动力汽车（PHEV）装置的特性和普及率。

其中，通用的天然气和电力网络特性参考输配网络方面的专业出版物[175,216]。压强和电压的基本操作值分别是 0.7MPa，11kV；类似地，所用的基本功率分别为 1MW 和 1MVA。

研究的时间为英国冬天的某一天，因为通常来说，冬天能耗较高，可以最大限度地利用分布式能源技术。在本研究中，用于潮流计算的输入数据——天然气和电力负载曲线表示 2700 位用户的总能量需求，将一天划分为 48 个时间间隔来进行数据采集。从电网供应点的角度来看，该数据反映了一个典型的英国冬季工作日的能源需求。图 6.1 同时展示了一个冬季工作日内的热能和电力需求，类似于图 4.13 中的负载曲线。如表 6.1 所示，对于被评估的这一天，热能需求超过了电力需求，这种情况在英国的冬季较为常见，但在凌晨差距并不明显；尽管如此，热能和电力的日均需求量之比接近 3∶1。此外，对比这两条负载曲线可以发现，在早晨和傍晚，热能需求的峰值出现得比电力需求的更早。这是因为，在寒冷的天气条件下，封闭空间会优先满足供暖需求。

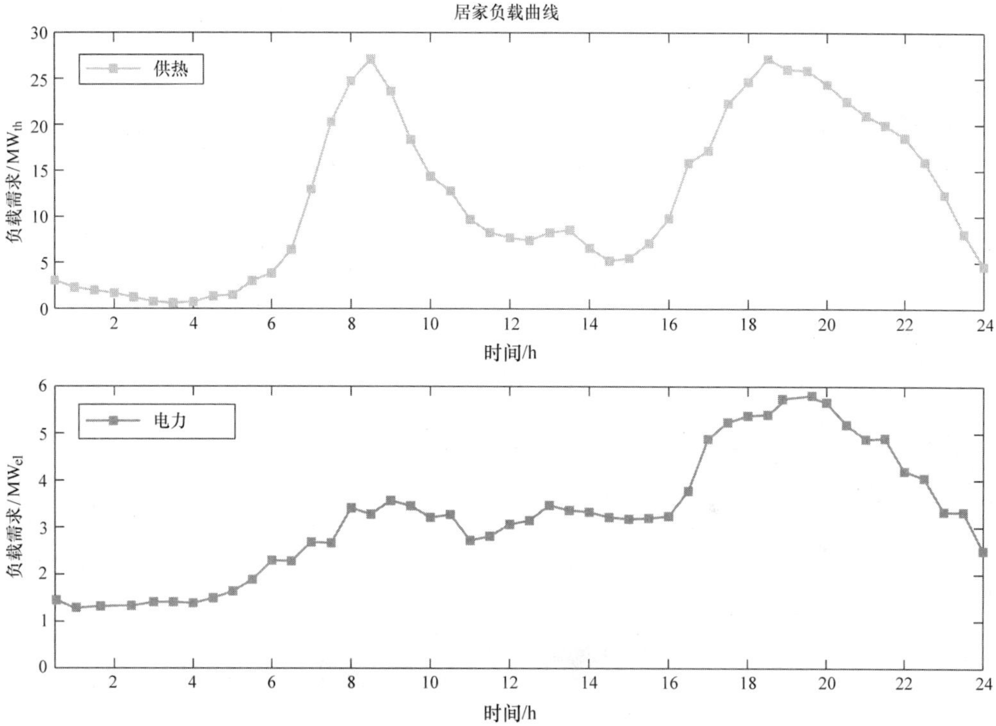

图 6.1　英国冬季某一天内 2700 所住宅的热能需求和电力需求总量[89,216]

表 6.1　英国冬季工作日内住宅的平均热电比

时间	热电比
上午 12:00 ~ 5:30	1.17
上午 6:00 ~ 11:30	5.01
下午 12:00 ~ 5:30	2.87
下午 6:00 ~ 11:30	3.95
每日平均	**3.25**

该案例采用类似于图 5.1 的简化网络进行仿真研究。这意味着，天然气和电力

网络由如图 6.2 所示的径向结构组成，具有四个节点和三个连接元素。在本研究中，节点 2 汇总了 1000 位客户，节点 3 汇总了 800 个客户而节点 4 处有 900 位客户。另一方面，虽然控制器件可以置于网络的任何部分来进行模拟，但为了便于说明，假设控制机制［如压缩机和有载分接开关（OLTC）］邻近于各自的松弛节点（即节点 1）。为简化起见，假定该架构是并列的，这意味着它们的节点位置和元素长度相同。同样，对于这个特定的建模方案，每个网络中的第一个节点是不带有负载的；因此，这些节点仅充当供应点和其余全部消费点的参考点。

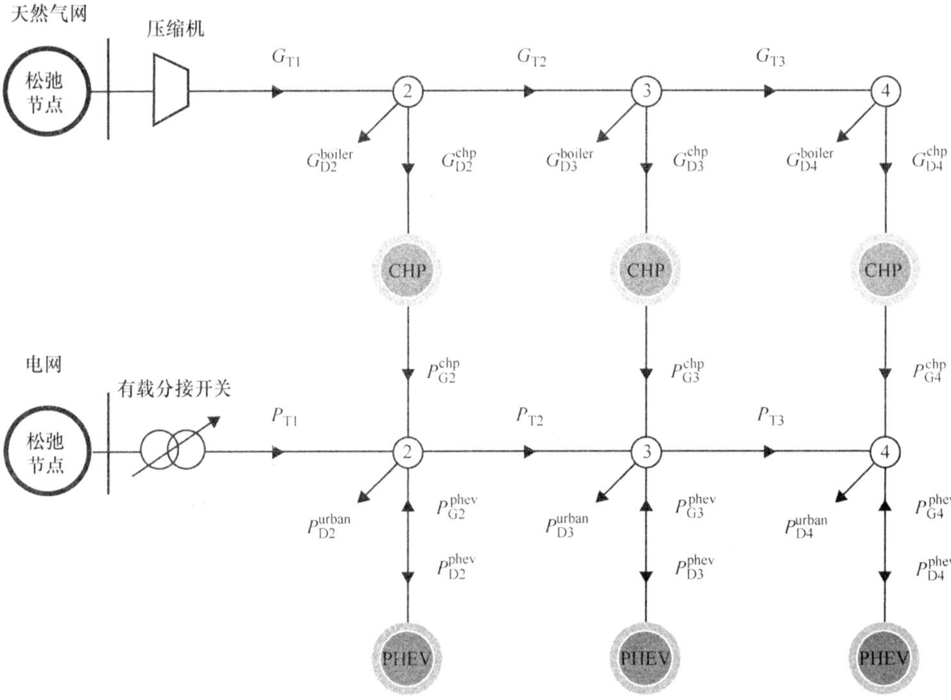

图 6.2 通过 TCOPF 工具建立的径向网络示意图

对于嵌入式设备，假设能源服务网络中的每个节点均有 270 个 PHEV 和微型热电联产装置。我们可以通过均匀分配这些装置来评估分布式能源技术和存储装置对于配电网运营商（DNO）的战略价值，并采用 TCOPF 进行调度。同样，我们假设所有的分布式能源模型在性能规格等方面是相同的；这意味着所有节点处的分布式资源的能力都是相同的。因此，TCOPF 程序可以识别接入网络的分布式能源技术的能力与重要程度，并根据网络的运行状况对其进行调度。

参考松下家用热电联产燃料电池系统[218]的特性，对微型热电联产装置进行建模和参数设置。

该系统具有 38% 的发电效率和 55% 的热回收率，因此 0.93 的 EUF_{chp} 和 0.69 的 EHR_{chp}，这对于小规模机组是一个非常高的发电效率。单个微型热电联产机组的电力容量为 1kW$_{el}$，而热力容量为 1.44 kWh$_{th}$。此外，该系统的热水储存量为 200L，相当于 7kWh$_{th}$的热能，建模时其效率设定为 90%。

以尼桑 Leaf[219] 的技术特性为准对 PHEV 进行建模。该车型的电池容量为 24kWh，在全电动模式下行驶里程为 160km，远大于城市车辆的每日平均行驶距离[104,108]。因此，假设 PHEV 按照图 6.3 所示的驾驶模式行驶，日均里程为 64km。考虑到这些 PHEV 在住宅区的充电率，将其容量和效率分别设置为 3.12kW，95%。此外，为简单起见，模拟时假设这些 PHEV 处于停放状态且已接入电网。基于以上假设，PHEV 可把一小部分电量反馈给电网，反馈电量大概为电池容量的 10%，相当于 2.4kWh 电，不会影响 PHEV 的正常行驶。

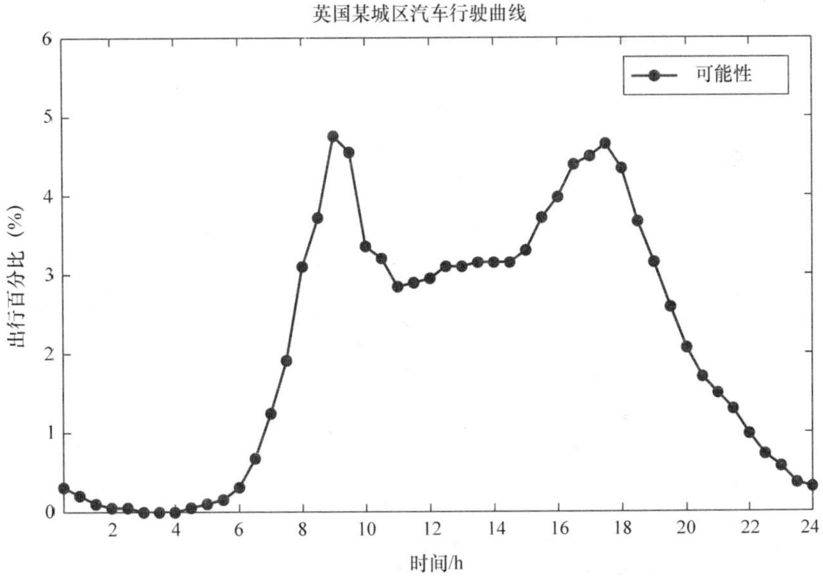

图 6.3　在英国城市地区一天时间内车辆出行的百分比[220]

6.1.2　案例研究和能源系统参数的说明

网络的特征和假设、负载数据和分布式能源系统一旦确定，就可以通过不同的 TCOPF 优化方法对网络中的各种情况进行仿真。案例 1 是基本情况，即 PHEV 和热电联产技术都不存在于网络中。在这种情况下，锅炉效率达到 80% 就能满足用户的热力需求。通过模拟此参考负载，可以对基础设施的现状条件进行量化，为比较和评估其他运行策略可能对关键的技术经济参数产生的影响提供参考。随后，根据所提出的目标函数和约束条件等，确定嵌入式技术对能源服务网络的最优运行所产生的多重影响。

TCOPF 程序的灵活性使我们能够评估多个案例。为了说明，除了参考案例

（案例1），我们又基于5.2节所述的目标函数分析了6种不同情况。这6个案例充分展示了所开发的协调程序的特质；表6.2汇总了研究中所进行的不同模拟的仿真结果；具体为：

• 案例1：为参考案例，在没有分布式能源技术的条件下对能源网络进行评估；在这项研究中没有执行任何优化。

• 案例2：代表即插即忘的情况，其中PHEV以“连续”的方式（见第4.4.1节）充电，同时热电联产设备在热主导策略下运行。

• 案例3：代表即插即忘的情况，其中PHEV以“延时”的方式（见第4.4.1节）充电，同时热电联产设备在热主导策略下运行。

表6.2 案例研究的描述

案例	目标函数	热电联产设备的运行	G2V的运行	V2G的运行
1	基准	N/A	N/A	N/A
2	即插即忘	热主导	连续	无限制
3	即插即忘	热主导	延迟	无限制
4	燃料成本	热主导	无限制	无限制
5	能量损失	无限制	无限制	无限制
6	能源成本	无限制	无限制	无限制
7	综合	无限制	无限制	无限制

• 案例4：代表燃油成本最小化策略，旨在降低向用户供电的成本；该情况下，PHEV可以根据需要随时充电，同时热电联产设备在热主导策略下运行。

• 案例5：代表网络中能量损失最小化的情况；该情况下，分布式能源装置没有运行时间的限制，在满足约束的条件下，可以随时运行。

• 案例6：代表能源成本最小化策略，根据现货市场价格来协调能源系统中所有装置的运行；该情况下，分布式能源装置可在白天自由运行。

• 案例7：同时考虑降低现货市场价格和碳排放成本的情形（即复合目标最小化），根据电网的实时状态和需求来决定是否接入分布式能源。

总体而言，案例2~4旨在说明以常规方式利用嵌入式技术会对电网产生的影响；这些案例是为了揭示，在没有最大化整体效益的激励机制时，能源服务网络和分布式能源装置的运行状态。同时，案例5~7所采用的方法更为合理，致力于从技术或经济角度，最大化整个能源系统的效率。

为了补充分布式能源装置的运行情况，应明确应用于案例2~7的储能设施的一些关键的充电限制。在这些情况下，需假设PHEV的荷电状态（SOC）在早上7时达到峰值，同时，储热系统在下午4时达到其峰值。此外，热电联产装置和PHEV的能量输入是有时限的，即某些时刻不允许进行能量输入，而储热操作与之不同，即操作不受限，并且全天（即48个时间间隔）始终起作用。图6.4详细描绘了天然气和电力日前现货市场价格，用于计算能源成本[93]。最后，参考 2008 年夏天的峰值油价[221]，案例 7 中由于发电引起的碳排放成本价格为 30 英镑 tCO_2/MWh。

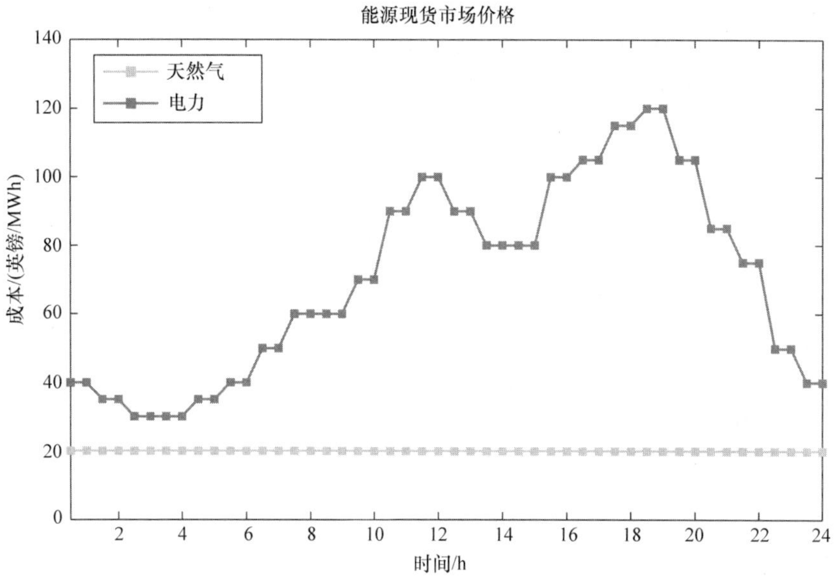

图 6.4　英国冬季工作日内的天然气和电力的现货市场价格[93]

虽然英国承诺到 2020 年，可再生能源的发电比例可以达到 15%，但目前其主要能源（即天然气和煤）具有较高的碳足迹，如果不尽快调整其能源结构，英国将可能无法完成其碳减排目标[222]。表 6.3 描述了目前英国所采用的发电技术下的碳排放比及其在混合燃料中的平均份额[223]。图 6.5 显示了 2010 年在英国冬季某工作日的碳排放情况。另一方面，天然气燃烧释放了约 184kgCO_2/MWh。

表 6.3　英国发电技术

技术	燃料结构（%）	碳排放/(kgCO_2/MWh)
天然气	47.7	450
煤	25.8	980
核能	18	6
可再生能源	6.6	5.5
其他	1.9	630

为了补充案例研究的输入数据，我们需要指定一些参数来详细说明所分析能源系统的性能。相应地，用于案例研究的服务网络和嵌入式技术的技术－经济参数见表 6.4 和表 6.5。表 6.4 和表 6.5 总结了用于模拟案例研究的技术。除非特别注明，所有表中描述的变量的值都使用 PU 作为计量单位。请参照前面的章节以确定这些

参数如何影响 TCOPF 问题的公式化。

快照约束和全局约束详见表 6.6；由于在径向配电系统中电缆和管道的容量很少会达到极限状态，因而忽略该问题。这些约束条件在所有案例中都适用，除了在即插即忘的模拟中 DLTC 值不能小于 1。

注意：根据 TCOPF 的设定，PHEV 在所有案例中（即案例 2 ~ 7）都将电池容量的 10% 反馈给电网；因此，所有节点的真实波幅的均值都是 0.1；这种设定是为了确定，公共电网及其配套服务在何时何地需要 PHEV 反向馈电。

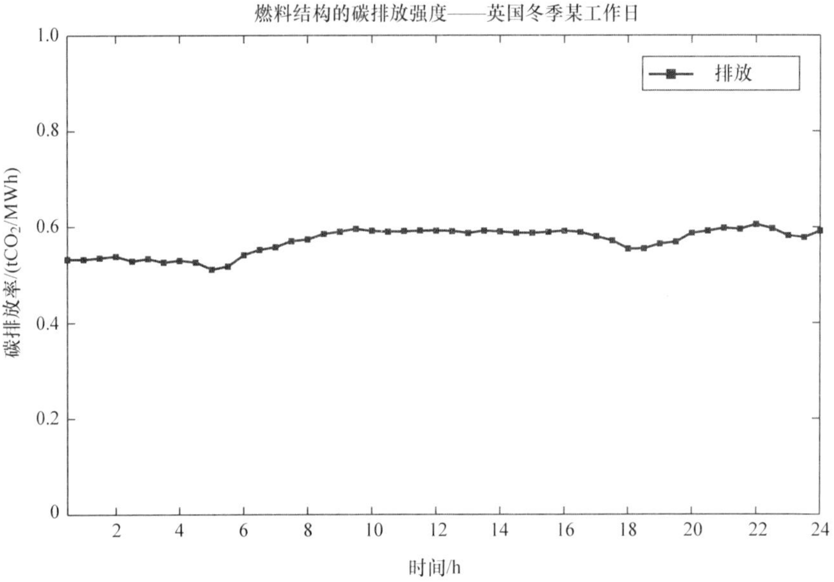

图 6.5 在英国燃料结构的基础上，每生产兆瓦时电力所对应的碳排放量

表 6.4 电力和天然气网络的技术 - 经济参数

电网拓扑结构	节点数 =4，分支数 =3
电网松弛节点	$V_1 = 1\angle 0°$
导纳	$Y_{12} = Y_{23} = Y_{34} = 205.29 - j38.17$
电力 DNO 运营	$P_F^{grid} = 12P_{G1} + 0.12P_{G1}^2$
电力成本	$P_P^{total} = \sum_{\beta=1}^{n\beta}(P_{D,\beta}^{grid} \cdot \text{Electricity}_{price,\beta})$
电能排放成本	$P_E^{total} = \sum_{\beta=1}^{n\beta}(P_{D,\beta}^{grid} \cdot \text{Carbon}_{price,\beta})$
天然气网络拓扑结构	节点数 =4，分支数 =3
天然气网络松弛节点	$p_1 = 1$
管道摩擦	$K_{12} = K_{23} = K_{34} = 75$
压缩机效率	$K^{com} = 0.1$
天然气 DNO 运营	$G_F^{grid} = 5G_{G1} + 0.05G_{G1}^2$
天然气成本	$G_P^{total} = \sum_{\beta=1}^{n\beta}(G_{E,\beta}^{grid} \cdot \text{Gas}_{price,\beta})$
天然气排放成本	$G_E^{total} = \sum_{\beta=1}^{n\beta}(G_{E,\beta}^{grid} \cdot \text{Carbon}_{price,\beta})$

表 6.5　分布式能源的技术 – 经济参数

锅炉效率	$\eta_b = 0.80$
微型热电联产普及率	$\%_{chp2} = 0.27, \%_{chp3} = 0.33, \%_{chp3} = 0.30$
微型热电联产效率	$\eta_{el} = 0.38$，$\eta_{th} = 0.55$，$\eta_{ts} = 0.90$
微型热电联产功率	$P_{G,max}^{chp} = 1kW_{el}$，$T_{G,max}^{chp} = 1.44kW_{th}$
单位储热能力	$TSOC_{max}^{store} = 7kW_{th}$
微型热电联产运行	$P_F^{chp} = 10P_G^{chp} + 0.10P_G^{chp2}$
PHEV 普及率	$\%_{phev2} = 0.27, \%_{phev3} = 0.33, \%_{phev3} = 0.30$
PHEV 充电效率	$\eta_{G2V} = \eta_{V2G} = 0.95$，$\eta_{V2R} = 1$
PHEV 功率	$P_{D,max}^{phev} = P_{G,max}^{phev} = 3.12kW_{el}$
单位电池容量	$EVSOC_{max}^{store} = 24kW_{el}$
PHEV 运行	$P_F^{phev} = 20P_G^{phev} + 0.20P_G^{phev2}$

表 6.6　能源系统的约束

电网节点，$\alpha = 1, 2, 3, 4$	$0.94 \leqslant V_\alpha \leqslant 1.06$，$0.00 \leqslant P_{G\alpha}^{chp} \leqslant 0.27$
分接开关	$0.95 \leqslant \lvert t \rvert_1 \leqslant 1.05$
天然气网节点，$\alpha = 1, 2, 3, 4$	$0.90 \leqslant p_\alpha \leqslant 1.10$，$0.00 \leqslant T_{G\alpha}^{chp} \leqslant 0.388$
压缩机	$1.00 \leqslant r_1 \leqslant 1.80$
储热量，$\alpha = 2, 3, 4$	$TSOC_{max,\alpha}^{store} = 1.89$
储热能量，$\alpha = 2, 3, 4$	$EC_\alpha^{store} = 1.89$，$ED_\alpha^{store} = 1.70$
电池容量，$\alpha = 2, 3, 4$	$EVSOC_{max,\alpha}^{store} = 6.48$
驱动 V2R 能量，$\alpha = 2, 3, 4$	$V2R_\alpha^{store} = 2.592$
PHEV 实用因素，$\alpha = 2, 3, 4$	$UF_{phev} = 0.4$
PHEV 波动幅度均值因子，$\alpha = 2, 3, 4$	$ATR_{phev} = 0.1$
G2V 和 V2G 能量，$\alpha = 2, 3, 4$	$G2V_\alpha^{store} = 3.41$，$V2G_\alpha^{store} = 0.616$
重量因子	$\lambda_{cm} = 0.5$，$\omega = 0.5$

6.2　技术 – 经济性结果

6.2.1　概述

虽然案例研究中的各种问题涉及超过 11000 个变量，但这并不代表 TCOPF 的求解存在难题。由于 gPROMS™软件的有效性，在经过几次迭代后可以获得一个解决方案。因为输入变量过多，相应地，时间协调优化过程会输出多个结果，所以可以很方便地以适当的方式来组织数据以使 TCOPF 的运行结果可视化。

用于对比和分析不同经营策略的结果的指标包括：

- 技术参数：注重运行变量，如功率损耗、负载特性、嵌入式发电调度和充电储量水平。
- 经济参数：专注于有关运营成本、现货市场价格下的能源消耗和边际成本（LMC）的信息。

如前所述，通过同时计算基础设施和嵌入技术的运行情况，TCOPF 多周期非线性最优求解器可以为整个能量系统提供最佳解决方案。这意味着，根据到位的操作策略，其相应的目标函数将不拘于任何具体 DNO 或分布式能源技术，而是提供一个最佳的协调能源系统的解决方案。因此，结果显示，该 TCOPF 方案和所预期的一样，实践了相互依存的整体框架方法。

输出数据将会被分类并以以下方式分析：

- 集成与非集成系统；
- 天然气网；
- 热电联产与储热技术；
- 电网；
- PHEV 技术。

6.2.2 集成与非集成系统

有理由认为，即使消费者拥有分布式能源装置，也不会改变他们的能源需求，在日常生活中，他们仍会消耗等量的能源（如使用电器、取暖）。然而，用户在某种意义上能够产生或储存的能量很可能导致配电网络中的负载曲线发生相当大的变化，并能从他们的角度（即供应点）得到体现。该负载变化是电力系统计算所要研究的一个重要方面。

因此，探究分布式能源，如热电联产和 PHEV 装置对天然气和电力网络的影响至关重要。为了区分耦合/非耦合能源系统的差异，这一章节通过分析案例 1、3 中的某个特定时间间隔，来阐述这一区别。

图 6.6 和图 6.7 分别比较了在下午高峰需求期间（即 19 时）电网和天然气网有无 PHEV 技术情况下的网络运行优化结果。“应用分布式能源前”案例的操作成本和边际成本值参考参考案例（案例 1），而“应用分布式能源后”案例是指即插即忘的情况（案例 3）。自然地，在第一种情况下（灰色柱），没有能量被转换或存储在节点内，两个电源的需求由各自的电网供电点提供。因此，该系统是在一个非集成的方式下运行。在第二种情况下（黑色柱），能源网络和它的节点内的分布式能源技术根据聚合器和利益相关者建立的适当条件运行。因为它们之间存在协同相互作用，所以该系统以集成方式运行。

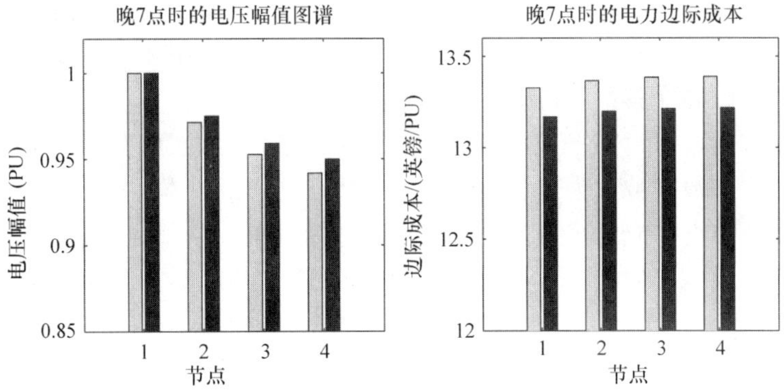

图 6.6　电网优化结果的比较

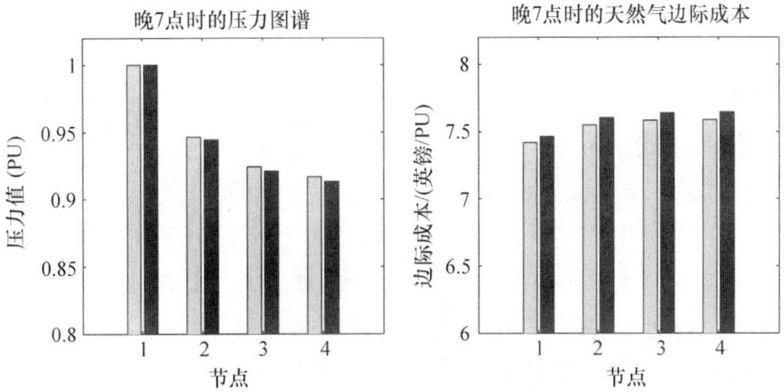

图 6.7　天然气网优化结果的比较

嵌入式技术在这个时间间隔对网络的影响是相当明显的：

- 由于热电联产技术较之锅炉具有较低的热效率，而天然气需求增大，结果造成网络中压力水平降低，并且与它们的额定值（1 PU）进一步偏离；
- 分布式发电可降低电力需求，因此，电压幅值会更高并更接近其额定值（1 PU）；
- 由于分布式能源技术的影响，电网的负载变化和功率损失减少，而天然气的损耗增加；
- 改变功率损耗的能力将影响边际成本；对于电力，边际成本减少了，而对于天然气，边际成本有所增加。

如图 6.6 和图 6.7 所示，一旦分布式能源技术在能源网络中日益突出，各能源基础设施的运行变量将发生变化，这种变化是基于分布式能源技术的普及率和嵌入式设备的多种技术特征，如热电联产装置的电热比和 PHEV 的充电速率。

在这个特定的例子中，只分析了一个时间间隔，该电压水平上升并受益于分布式资源所提供的能量。另一方面，使用热电联产装置使压力下降；尽管如此，这些变化都不会影响任何网络的正常运行。因此，至少在所研究的情况下，嵌入式技术不会为天然气和配电网的操作带来不稳定性。不过，每当进行一项研究，都应一直注意这些参数以确保其不会打破研究的界限。

此外，数据显示，DNO 交付的每单位功率的费用是 TCOPF 程序提供的另一种类型的结果；该数据被称为节点边际成本或节点的增量成本。由于能量系统是由若干相互连接的节点构成的，每个节点有不同边际成本。在每个节点的边际成本值等于供给点燃料成本函数的导数的总和（即松弛总节点）再加上该特定节点上功率损失的影响。

如表 6.7 所示，边际价格的结果受到分布式资源转换和提供更靠近消费点电力的能力的影响。因此，从电网供应点的角度来看，负载曲线以及与它们的规定相关的费用会受到影响。在这个特定的例子中，由于从电网所需要的电力较少，消费点处的价格会下降。然而，天然气的成本会增加，这是因为热电联产技术将需要更多的天然气流。因此，可以认为，当嵌入式技术普及率增加时，天然气的边际成本会上升（如果热电联产装置的热效率比锅炉低），相反地，电力的边际成本会下降（如果 PHEV 普及率的影响小于微型热电联产的影响）。

如果边际成本差异可以通过能源系统的最优协调加以利用，那么就存在节能的机会。例如，在“协调前”节点 4 的边际成本是每 PU 电 13.39 英镑与每 PU 天然气 7.59 英镑，而在“协调后”节点 4 的边际成本是每 PU 电 13.22 英镑与每 PU 天然气 7.65 英镑。这种成本差异清楚地表明了可控分布式能源技术的集合是如何影响 DNO 的运营成本的。如果考虑成千上万的现有网络的边际成本，增量成本效益可能是相当大的。另外，以该案例为例，可通过转移负载来为消费者争取不同的零售电价资费方案；这些计划会比当前经济 7 电价资费方案更复杂，且很可能重点考虑能源的实时定价。因此，应增加负载的调度灵活性，以实现能源基础设施的智能化管理。

表 6.7　在晚上 7 时边际成本的比较结果

节点	边际成本电力之前	边际成本电力之后	边际成本天然气之前	边际成本天然气之后
1	13.32	13.17	7.42	7.46
2	13.36	13.20	7.54	7.60
3	13.38	13.21	7.58	7.64
4	13.39	13.22	7.59	7.65

6.2.3 天然气网络

从 TCOPF 结果的分析可以看出，当与参考案例相比较，热电联产技术在天然气网络的存在对关键操作参数有轻微影响。纵观这些案例研究，热电联产装置对天然气需求的影响很小。这是因为在冬天的时候，常规的需求非常高，来自热电联产的额外天然气需求几乎可以忽略不计。然而，可以推测，在其他季节周期这一影响也不那么明显。此外，虽然热电联产效果不显著，但由 TCOPF 方案构建的各种操作策略会改变装置的运行参数。因此，表 6.8 和表 6.9 描述了所研究的案例中天然气网络的技术和经济指标。

以下是从技术指标中得到的结论：

• 在案例 2 ~4 中，热电联产技术随热需求变化，其基本负载低于其他案例中可以自由运行、不受限制的热电联产装置。

• 即插即忘的模拟结果清楚显示，其峰值负载比其余案例略高，而案例 4 ~7 曲线的峰值由于其操作方案的导向不同而不同。

• 在所有案例中，由于平均负载增加而峰值负载有下降趋势，负载系数在不同程度上得到提高，从而提高了基础设施的利用率。

表 6.8　天然气网络的技术指标

TCOPF 案例	基本负载 /MW_{th}	峰值负载 /MW_{th}	负载因子 (%)	松弛 /(MWh_{th})	损失 /(MWh_{th})
1	0.60	27.17	43.92	286.43	11.14
2	0.53	27.32	44.41	291.22	11.76
3	0.48	27.32	45.83	290.89	11.67
4	1.02	25.57	48.58	289.33	10.11
5	2.52	25.70	49.71	298.18	8.92
6	1.58	26.64	48.99	303.16	11.26
7	1.73	26.37	49.42	303.05	11.15

表 6.9　天然气网络的经济指标

TCOPF 案例	燃料费用/英镑	能量费用/英镑	节点 4 的最小边际成本 /(英镑/MWh)	节点 4 的最大边际成本 /(英镑/MWh)
1	1693.53	5728.60	5.06	7.72
2	1727.45	5824.34	5.05	7.73
3	1724.77	5817.78	5.05	7.73
4	1696.36	5786.56	5.10	7.56
5	1746.45	5963.61	5.25	7.57
6	1785.57	6063.21	5.16	7.66
7	1783.50	6060.99	5.17	7.64

• 微型热电联产装置的引入增加了松弛节点的天然气供应，这一变化在案例 6 和 7 中表现得更为明显，因为该方案充分利用了分布式能源装置的发电能力。

• 不同的方案对应不同的能源损耗值；然而，很显然，只有当全系统的运行都处于能源损失最小的情况下，才能获得能源损失最小值。

• 对于所有的案例，压力值都没有降低到需要使用压缩机的程度；但在案例5中，压缩机可以持续运行，因为系统减少的损耗可以弥补其消耗。

• 如果仅将案例5视为一个普通的天然气工程实践，由于其技术优势，案例5可以作为最有效的运行策略被利益相关者所采纳。

以下是从经济结果中得到的结论：

• 相比于案例5~7，案例2~4中微型热电联产装置的运行时间较少，其运行天然气管网的燃油成本较低。因为案例4的目的是降低运营成本，结果表明该方案具有可行性，所以可以通过求解器使得成本值尽可能接近基准成本（即案例1）。

• 以现货市场价格供应天然气所带来的能源成本与燃料成本的走势相同；因此，对于天然气DNO来说，案例4是最经济的；这是因为在被评估的一天内，天然气价格始终保持稳定（见图6.4）。

• 以离松弛节点最远的节点为例，在大多数案例中，由于较高的基本需求，边际成本的最小值也略有增加；而由于储热设施的应用，峰值需求减小，边际成本的最大值有降低的趋势。

如图6.8和图6.9所示，由于执行了TCOPF操作策略，从天然气供给的角度看，天然气需求发生了变化。如图所描述的，热电联产装置将主要影响案例1中清晨和峰值时期（即上午8点和下午6点）的需求现状，同时在下午还具有部分“填充低谷”的能力，从而满足在下午4点全部储热设施处于最大状态的约束。

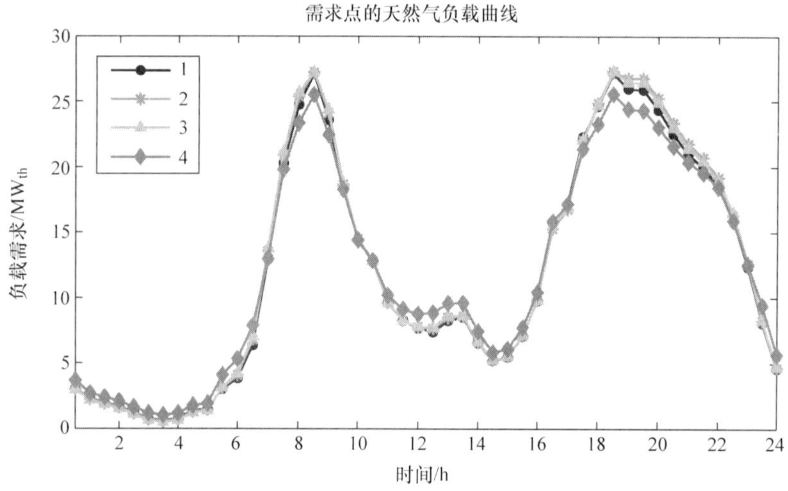

图6.8 TCOPF优化案例2~4的天然气负载曲线（以案例1为基准）

如图6.8所示，天然气需求的高峰期为上午8点和下午6点，凌晨3点需求量最小，为基本需求量；在案例1中，峰值与基本负载需求的比例为45.28。表6.10

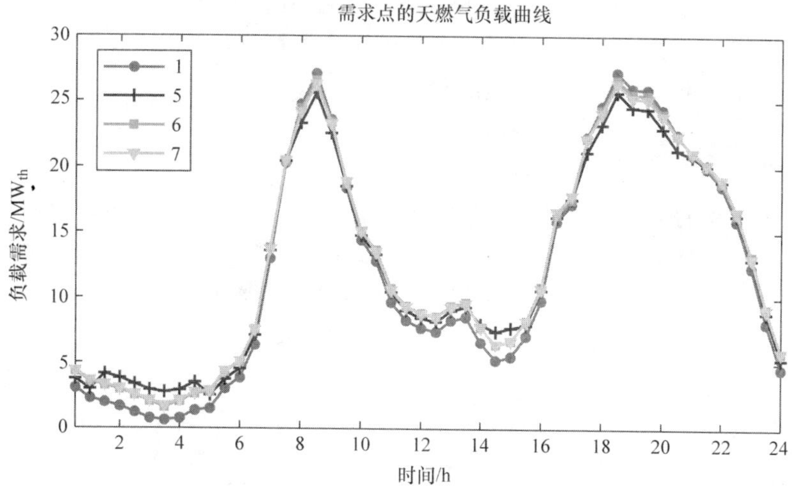

图 6.9　TCOPF 优化案例 5－7 的天然气负载曲线（以案例 1 为基准）

详细列出了所有案例的峰值与基本负载需求的比例。尽管热电联产装置具有存储功能，但并不影响一天中基本需求和峰值需求的时间分布；在这种情况下，唯一例外的是，案例 5 中的基础需求时间延迟到了清晨 4：30。

表 6.10　天然气峰值与基本负载需求的比例

TCOPF 案例	峰值与基本负载需求的比例
1	45.28
2	51.54
3	56.92
4	25.07
5	10.20
6	16.80
7	15.24

可从负载曲线中得出以下结论：

- 对于案例 2 和 3，即插即忘方案与参考方案的情况没有很大的不同，具有较大的峰值与基本负载需求比例；这完全说明了：如果没有“智能化”的运行策略，网络的运行状态将无法得到改善。
- 案例 4 的策略为，在两个需求高峰期之间的时段，通过使用储热系统来减少燃料成本，因此，在上午 8 点到下午 6 点和晚上 8 点之间，该方案的效果尤为显著；但在需求高峰和中午的低谷时期，效果不是那么明显。
- 案例 5 的特点较为突出，因为它既可以增加清晨的基础负载，也可以减少峰值负载，在所有的案例中，拥有最佳的负载因子利用率和峰－基需求比例。

• 在案例6和7中，天然气网络的操作参数并没有达到最优，这是因为，该方案在电力现货市场价格较高的时候大量消耗价格相对较低的天然气。因此，其特点是天然气需求量较大，随之产生的能量损失也较大。

6.2.4 热电联产技术

从电气工程的角度对这些案例进行评估，省略天然气管网条件将可能导致微型热电联产装置在整个冬日不断地以最大容量运行。然而，通过使用整体方法，可以看出，热电联产装置的功率输出可根据实施的操作策略而变化。为了说明这一点，表6.11描绘了不同方案的热电联产技术－经济效果。同样地，图6.8和图6.9采用类似的图例对该结果做出了解释，图6.10描述了不同模拟条件下的微型热电联产装置发电曲线。

表6.11 热电联产技术的技术－经济效果

TCOPF 案例	微型热电联产装置发电/(MWh_{el})	峰值发电时间/h
1	N/A	N/A
2	4.20	晚上7:00
3	3.92	晚上10:00
4	3.92	早上5:30
5	11.82	早上和中午
6	19.34	全天
7	19.34	全天

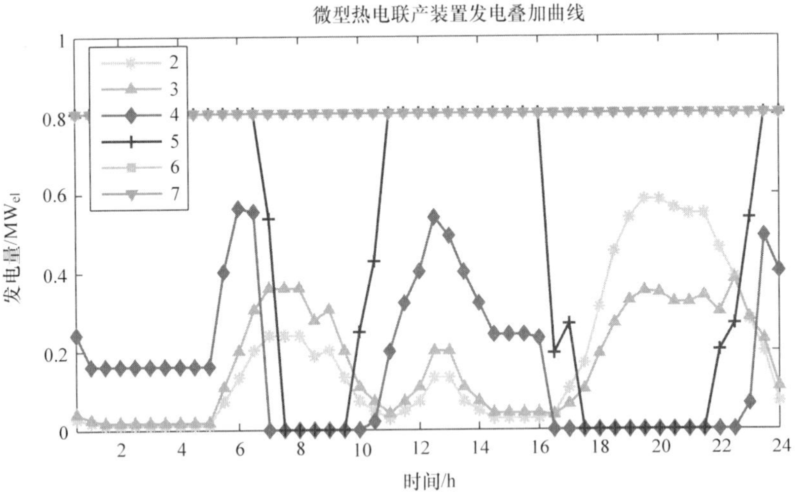

图6.10 不同TCOPF操作策略下的热电联产装置发电曲线汇总

可从微型热电联产装置的运行结果中得出以下结论：

- 虽然案例 2 ~4 的分布式发电量相近，但没有案例 5 ~7 的发电量大。因此，考虑到其运行特点（见表 6.2），该技术并未得到充分利用。
- 虽然案例 5 的重点是减少损耗，但其热电联产装置的利用率大于案例 2 ~4；在需求较低的时候为储热装置充能，在需求较高时利用其供能。
- 案例 6 和 7 的目的都是从热电联产中获得最大的收益，目标明确；该方案的策略是，只要条件允许，就可使用天然气来发电，降低从电网购买电力的高成本。
- 每个方案下微型热电联产装置的生产高峰期各不相同；对于案例 2 ~4，高峰期只出现在一个时间间隔内，而在案例 5 ~7 中则是长期满负载运转。

图 6.10 中突出了不同案例情况下微型热电联产装置调度曲线的巨大差异。案例 2 和 3 是热主导运行的发电机的典型案例。可能是因为 PHEV 在晚上充电，案例 2 中发电量较大。同时，案例 4 和 5 探究了储热方案，结果显示这些储热设备的曲线十分具有代表性并与偏移后（向左）的热主导策略曲线类似。特别是案例 5 中的小型发电机，在除了天然气需求非常高的时刻外，均满负载运行，从而避免大量损耗。最后，案例 6 和 7 具有完全相同的结果，热电联产装置由高成本的电力驱动，不断以最大容量运行。结果清楚地表明了热电联产运行的灵活性。

图 6.10 所提供的信息是有价值的，有助于我们更全面地评估热电联产装置可能对能源服务网络产生的影响。虽然如此，TCOPF 求解器还提供了节点粒度的信息。因此，用于描述能源网络中发生的能量输入的数据可以被分解到节点。图 6.11 ~图 6.15 详细描述了分布式能源在每个节点是如何调度的。

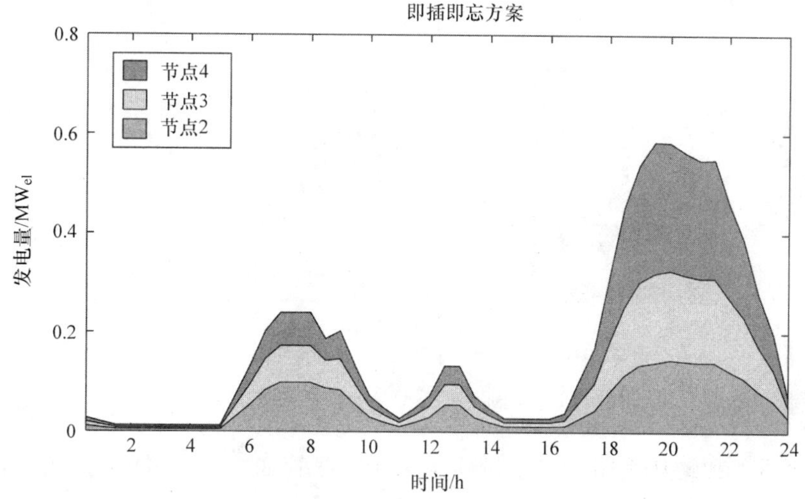

图 6.11　案例 2 中微型热电联产装置的调度

有以下几种节点微型热电联产调度模式：

- 对于案例2~4，热电联产装置在每个节点产生的功率基本相同。然而，值得一提的是，在案例2中当负载需求高时，节点4处的功率输入比其他节点高，从而降低功率的传递损失。

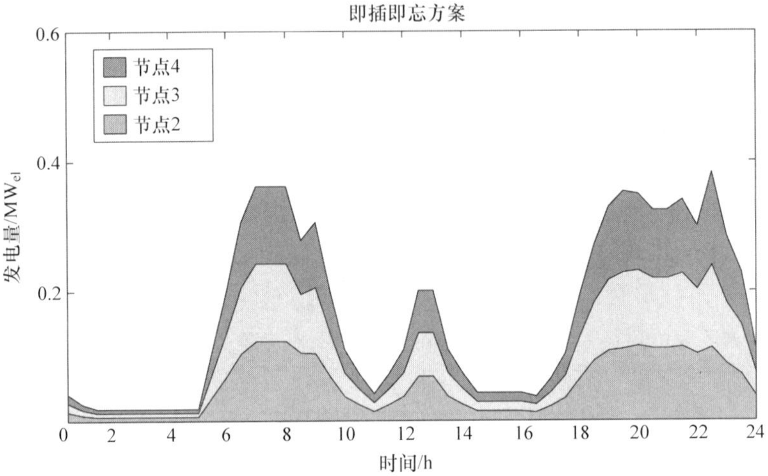

图6.12　案例3中微型热电联产装置的调度

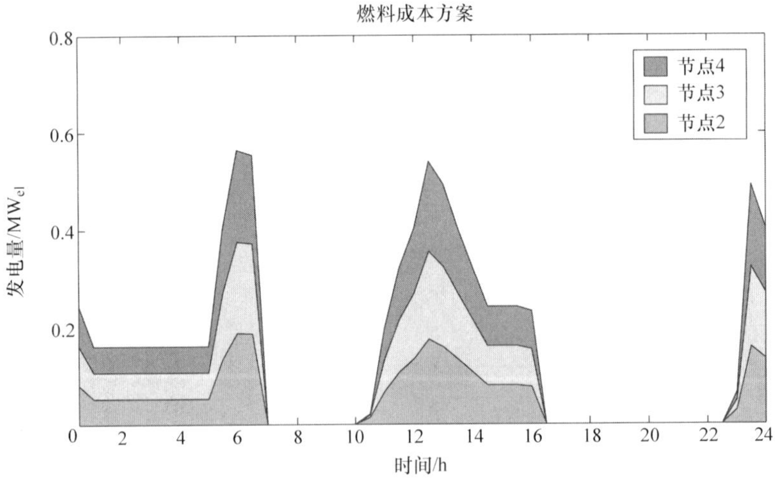

图6.13　案例4中微型热电联产装置的调度

- 案例5中的功率输入比案例4更显著；尽管如此，两者的运行时间十分相似，都是在清晨和中午运行。
- 在案例5中，由于电力成本高，微型热电联产装置在所有节点上都全天候发电。

类似于图 6.10，图 6.16 采用相同的图例对每个案例进行了研究，汇总了来自优化方案的储热曲线。需注意的是，所有方案的 SOC 最高值对应的时刻均为下午 4 点，尽管在所有情况下储热和放热的量是相同的，每一个解决方案都有各自的特点。

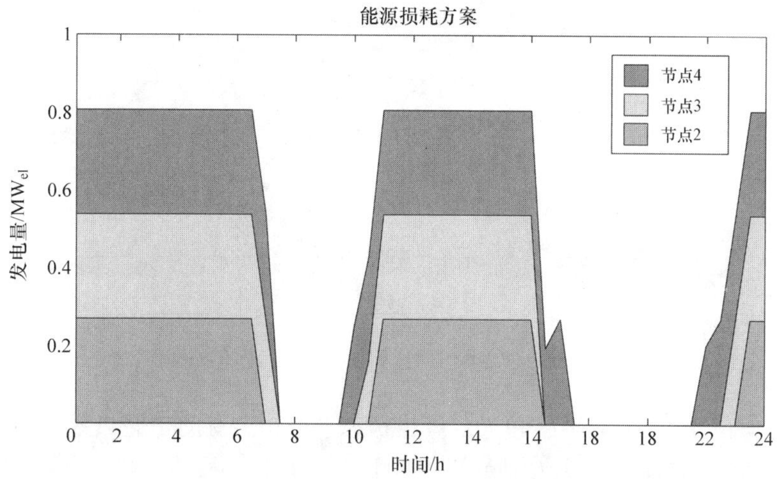

图 6.14　案例 5 中微型热电联产装置的调度

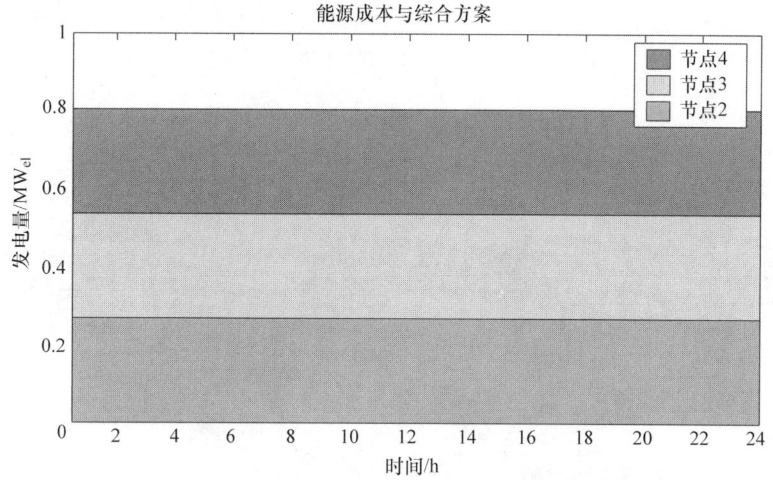

图 6.15　案例 6 和 7 中微型热电联产装置的调度

对储热状态进行分析，可得出以下结论：

- 在案例 2 和 3 中，没有合理使用储能装置来降低峰值需求，也没有用其替代凌晨时的能源供应；这就解释了为什么午夜的 SOC 值如此之高，而在需求高峰时刻放热几乎为零。

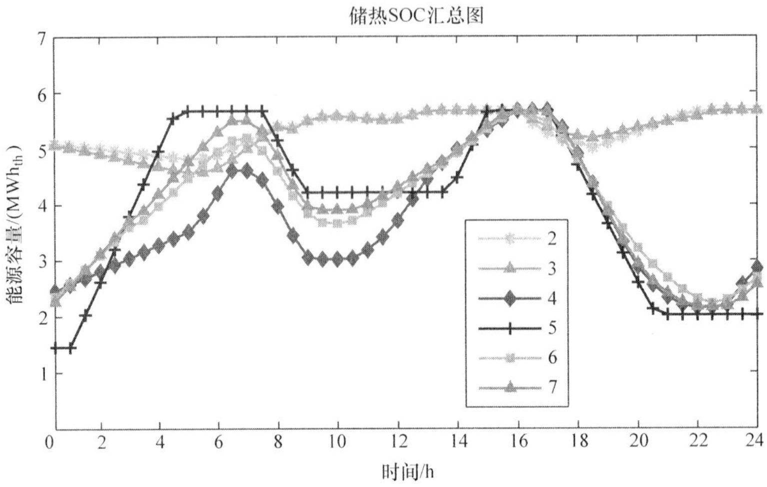

图 6.16　不同 TCOPF 操作策略下的储热 SOC 曲线汇总

- 在案例 4 ~7 中，早晨和午后蓄热状态平稳；这有助于储热系统通过两个高峰（即早上 7 点和下午 4 点）达到更好的状态，有利于后续放热。

图 6.17 ~ 图 6.22 显示的是储热器在每个节点的调度方式，所提供的数值是被分析的时间内各节点的净注入值。正值说明储热器正在充能，而负值对应的是放热行为。

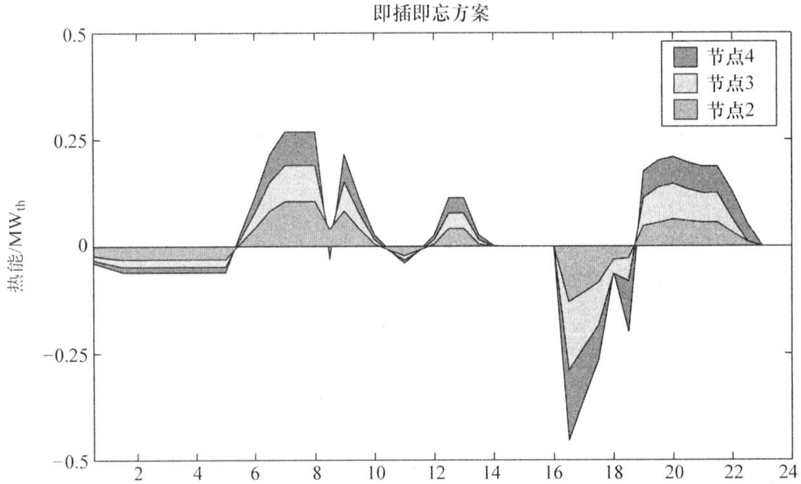

图 6.17　案例 2 中蓄热装置的调度

网络中节点储热器的调度有以下模式：

- 即使在一个很小的量级上，只有案例 2 和 3 中的储热器在清晨放热。同时，蓄热时间为午后和深夜，而放热时间主要为傍晚。值得一提的是，这些案例中的能量大小都远低于其他案例，是资源管理不当的典型案例。

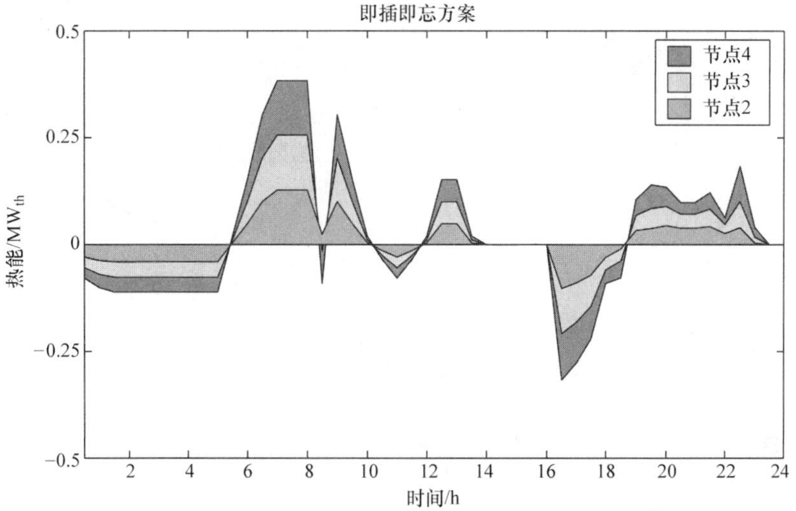

图 6.18　案例 3 中蓄热装置的调度

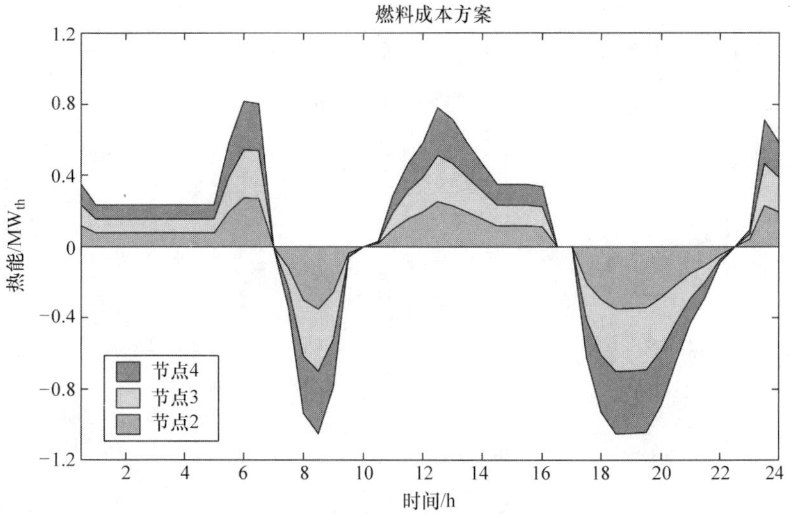

图 6.19　案例 4 中蓄热装置的调度

- 案例 4 和 5 的调度模式大体相似，在早晨和午后蓄热，在需求的峰值时期放热；但是，各种情况下能量输入的大小都不同。
- 尽管案例 5 中的储热器可以在需要时自由操作，但这个系统只在特定的时

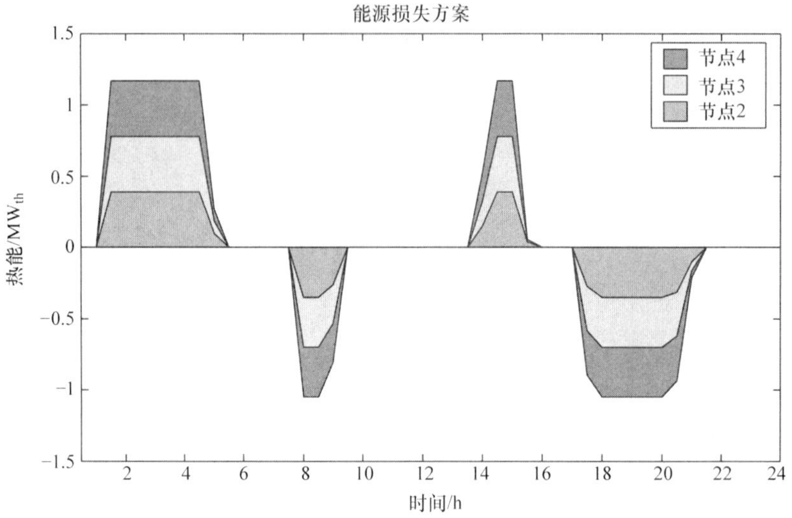

图 6.20　案例 5 中蓄热装置的调度

间间隔工作，这说明存储资源应偶尔被使用以减少损失，但这将导致分立行为——低峰蓄热，高峰放热。

- 在案例 6 和 7 中，存储装置具有充裕的运行时间，但少于案例 5 中的运行时间；总体来说，储热器在需求较低时蓄热，在需求较高时放热。

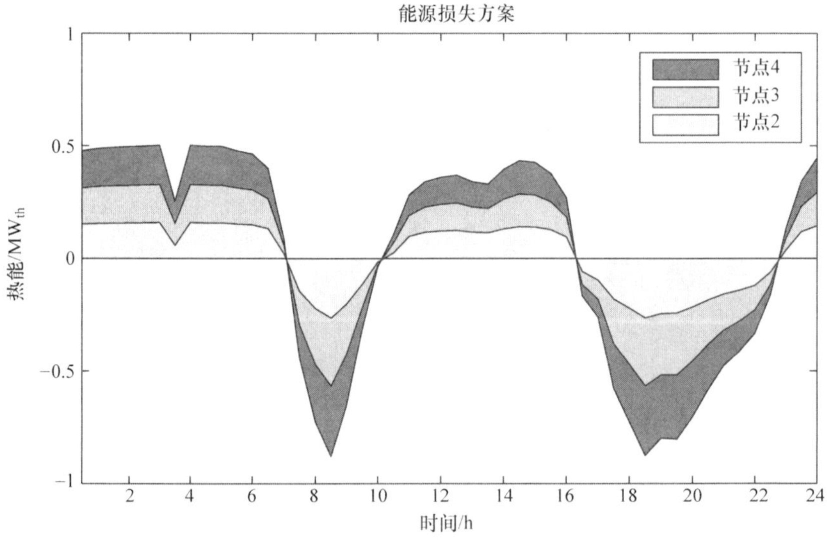

图 6.21　案例 6 中蓄热装置的调度

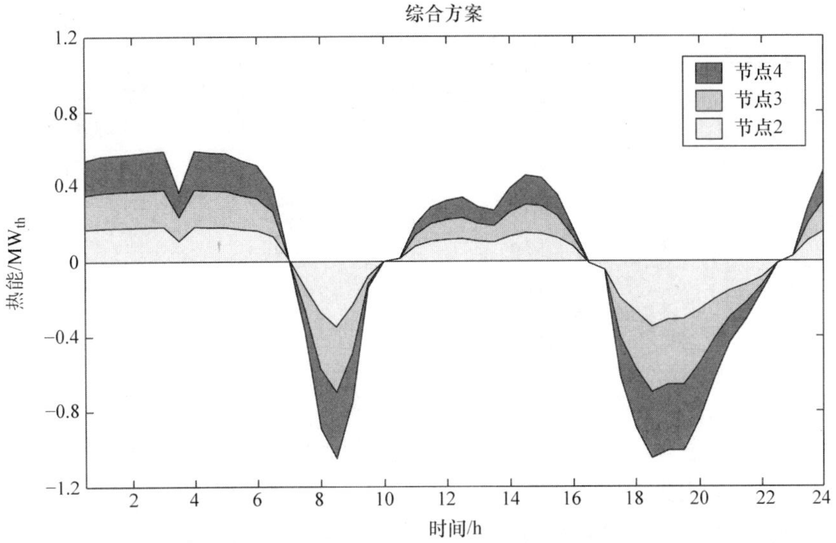

图 6.22　案例 7 中蓄热装置的调度

6.2.5　电网

从 TCOPF 的分析结果可以清楚地看到，分布式能源装置的接入给电网带来了不可忽视的影响。例如，相比于参考情况，如载荷因子和峰值负载这样的关键参数产生了有意义的变化。总体而言，如果妥善协调，微型热电联产和 PHEV 装置有可能优化电网运行，改善电网性能。因此与天然气网络研究结果类似的是，表 6.12 和表 6.13 描述了进行电网案例研究的技术 - 经济结果。

表 6.12　电网的技术指标

TCOPF 案例	基础负载/MW$_{el}$	峰值负载/MW$_{el}$	负载因子（%）	松弛/(MWh$_{el}$)	损失/(MWh$_{el}$)
1	1.28	5.79	55.76	77.52	2.37
2	1.48	5.27	64.76	81.86	2.53
3	1.89	5.06	67.61	82.10	2.48
4	1.97	5.19	65.74	81.84	2.22
5	2.13	4.95	61.94	73.57	1.85
6	1.16	4.68	58.53	65.69	1.49
7	1.18	4.88	56.14	65.69	1.49

从该技术指标中可以得出以下结论：

- 正如预期那样，从供给点角度看，在大多数情况下 PHEV 会增加基本负载。根据给定的现货市场价格来运行，案例 6 和 7 的基本负载要低于案例 1 的基本负载。

表 6.13 电网的经济指数

TCOPF 案例	燃料成本/英镑	能源成本/英镑	节点 4 处的最小边际成本/(英镑/MWh)	节点 4 处的最大边际成本/(英镑/MWh)
1	965.44	6178.93	12.31	13.39
2	1020.36	6326.50	12.45	12.53
3	1022.13	6118.09	12.53	13.32
4	1018.53	6289.79	12.47	13.25
5	912.90	5597.66	12.51	13.19
6	811.80	4863.17	12.28	13.12
7	811.87	4857.85	12.28	13.17

- 所有评估的运行策略的峰值都有所降低，这证明，可以通过协调调度嵌入式技术来解决电网运营者的主要顾虑；在高电价时模拟微型热电联产和 V2G 能量注入时，案例 6 和 7 中的峰值减少会更加明显。
- 在所有优化方案中，网络负载因子都有所提高，这表明，即使在案例 2 和 3 这样没有采用智能化运行策略的情况下，也能提高基础设施的利用率。
- 分布式能源技术操作的方式极大影响了供应点提供的能源，如案例 2 ~4 需要从电网中获取更多的能源，而案例 5 ~7 的需求量则有所减少。
- 除了案例 2 损失略有增加，其余案例中的损失都有所减少。奇怪的是，损耗的最小值是在整个能源系统基于电网实时电价运行时获得的（即案例 6 和 7），而不是在能量损失最小时（即案例 5）；这是因为案例 5 给热电损耗赋予了相同的 PU 值。
- 在潮流计算中，案例 2 和 3 只在高峰时运行了 OLTC 装置。其余案例中，尽管电压等级均没有达到操作限制，OLTC 装置一直在运行；这是因为该约束能降低电压降幅。
- 如果这仅仅是一项普通的电气工程实践，忽略热电联产和 PHEV 对天然气和电网运行成本的影响时，利益相关者可能会因为案例 6 的技术优点而将其作为首选。

从经济性角度可以得出下列结论：

- 由于增加了 PHEV 的负载，运行热电联产装置的频率又低，案例 2 ~4 中电网运行的燃料成本较高；而在案例 4 ~7 中，热电联产装置产生了更多的电量，因此运行成本显著减少。
- 以现货市场价格计算的能源成本与燃料成本紧密相关；因此，对于电网 DNO，案例 6 和 7 最具吸引力，因其可以在能源价格较低时提供柔性负载。
- 以离松弛节点最远的节点为例，在大多数情况下由于基础负载较大，最小边际成本会略微增高，而当分布式能源技术被用于减少最高峰值时，最大边际成本将会增加。总体上看，最大和最小边际成本之间的差值会减小。

基于 TCOPF 案例的实施，图 6.23 和图 6.24 从供应点的角度描述了电力需求变化。如图所示，分布式能源装置的引入有可能会对 DNO 已经熟悉的当地需求曲线造成极大的影响。总体而言，模拟结果显示了 TCOPF 技术协调能源的新趋势，即增加基本负载，降低峰值负载。

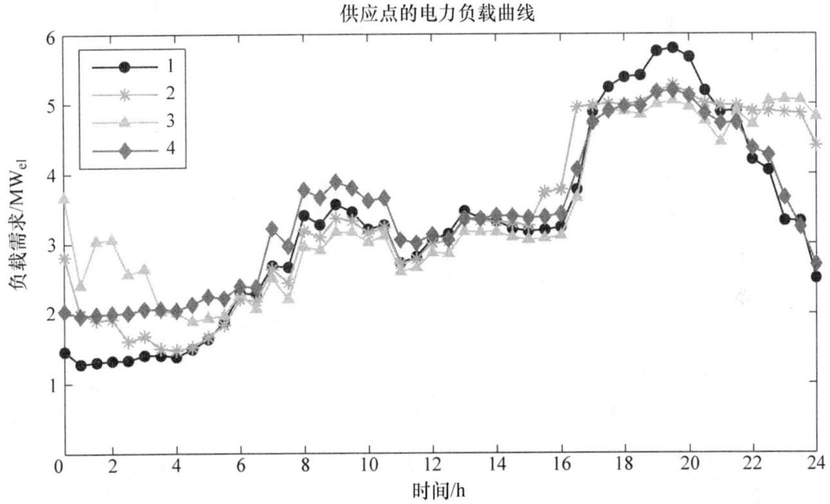

图 6.23　TCOPF 案例 2、3、4 与案例 1（基准）的负载曲线

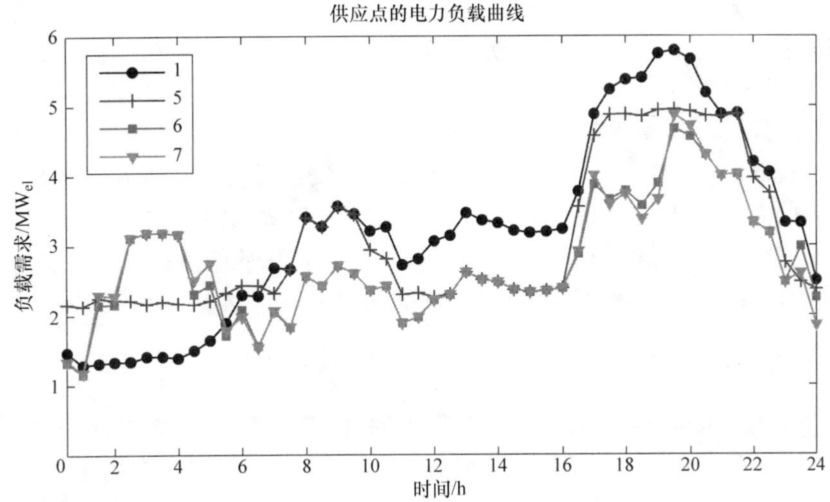

图 6.24　TCOPF 案例 5、6、7 与案例 1（基准）的负载曲线

由图6.23和图6.24可知，案例1中，电力需求在早上会达到一个小高峰，晚上7点再次达到高峰，中午12点半则对应于基础需求，仅占峰值负载的22.1%。因此，峰值与基础负载的比值为4.52。同样，表6.14详细列出了所有案例的峰值与基础负载的比值。尽管运行了带有存储功能的分布式能源装置，峰值需求也已经减少，但峰值出现的时间并不会因为采用不同的运行策略而改变。

表6.14　电力负载需求量最大值与最小值的比率

TCOPF 案例	峰值 - 基本负载需求的比例
1	4.52
2	2.11
3	2.55
4	2.55
5	2.32
6	4.04
7	4.41

从负载曲线的结果中可以得出下列结论：

• 由于车辆只能在夜间进行充电，所以案例3中的基础设施利用率最高。此外由于PHEV在晚上10点以后才开始充电，案例2和3中的设施需要适应长时间的高需求时段。

• 案例4和案例2、3有着相似的曲线，但对来自微型热电联产和V2G的能量的使用更为合理；因此，其午间低谷和高峰需求并不明显。

• 案例5的负载曲线较为平滑；整个早晨的基本负载都保持一致，同时峰值需求在显著地减少后又重新恢复稳定。该管理策略除了技术优势，经济成本也更为合理，低于案例2~4。

• 案例6和7充分利用了谷时电价，有较为合理的技术－经济性。但考虑到晚上电价较低，该方案下充电时间较为不便，被安排在凌晨2点到早上8点之间。因此，我们需要总结各案例的模拟结果，制定一个高效的协调方案，充分、灵活地利用分布式能源负载。此外，与案例6相比，案例7中所考虑的碳的价格（30英镑t CO_2/MWh）不足以显著地改变分布式能源的管理方法。

6.2.6 PHEV技术

和在6.2.4节中所描述的微型热电联产的结果相似，这一章节会在输配层面上介绍PHEV的优化调度。表6.15描述了不同方案下的技术－经济指标，而图6.25和图6.26则描述了从不同的模拟方式得到的聚合节点处的G2V和V2G的电力注入；该研究成果推动了电力系统的发展。

表 6.15　PHEV 技术的技术－经济指标

TCOPF 案例	G2V/(MWh_{el})	G2V 峰值时间/h	V2G/(MWh_{el})	V2G 峰值时间/h
1	N/A	N/A	N/A	N/A
2	10.23	午夜和早上 6 点	1.848	晚上 6:30
3	10.23	午夜	1.848	晚上 6:30
4	10.23	凌晨	1.848	晚上 7:00
5	10.23	凌晨	1.848	晚上 7:00
6	10.23	早上 2～5 点	1.848	晚上 6:30
7	10.23	早上 2～5 点	1.848	晚上 6:30

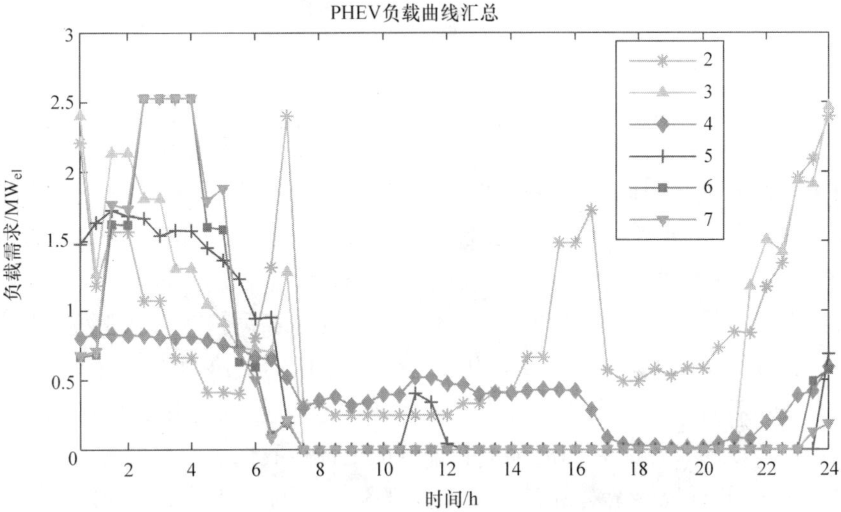

图 6.25　TCOPF 运行策略下的 G2V 负载曲线汇总

可以从 PHEV 的运行结果中得出以下结论：

- 由于 PHEV 的渗透率已预定义，在不同情况下，G2V 和 V2G 的约束不能被改变，这一点所有案例都适用；尽管如此，各案例的功率输入曲线不尽相同。
- 与 G2V 充电高峰期变化不一相反，V2G 充电高峰期只有很小的变化；这是因为 PHEV 所具有的后备容量并不充足，仅供电网高峰期使用。

尽管大部分的充电都在晚上完成，图 6.25 还是把 PHEV 在各种最优化方案中充电的极大差异突显了出来。案例 2 有一个持续并随机变化的曲线，要满足所有的 PHEV 都充满电，早上 7 点会有一个显著的高峰值。案例 3 和案例 2 相似，但是大部分的充电都发生在清晨的时间里。由于案例 4 减少了运作成本，除了晚上停止的时间之外，G2V 的变化趋势非常平稳并不断延伸。在案例 5 中汽车在负载需求最

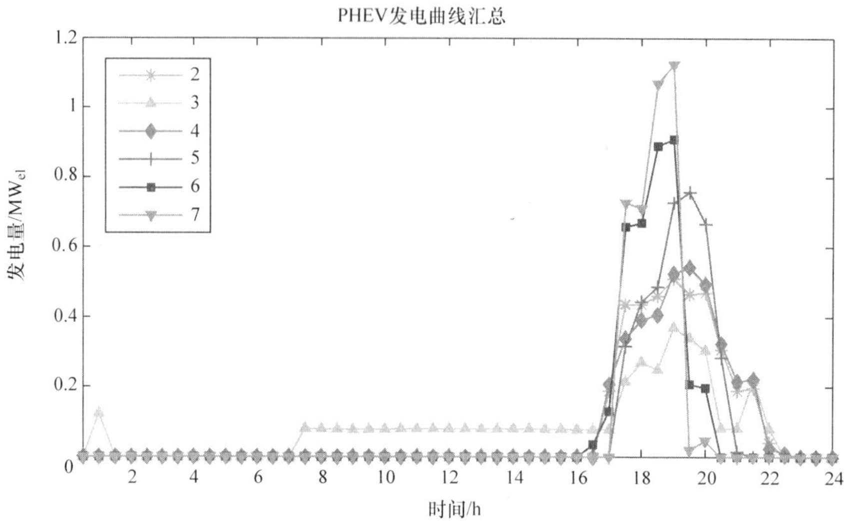

图 6. 26　TCOPF 运行策略下的 V2G 负载曲线汇总

低的时刻进行充电，因此，负载曲线会出现低谷填充现象。同时，案例 6 是在电力现货价格最经济的时候对 PHEV 充电，而与案例 6 相比，案例 7 中的碳成本对 PHEV 的充电影响不大。

总的来说，结果显示了 PHEV 技术有较好的充电灵活性，有利于负载控制和需求响应。类似地，图 6. 26 通过展示由聚合器（如 TCOPF 协调器）发出指令来调度电动汽车备用容量的几种方法，说明了 V2G 规划的可行性。虽然 V2G 离商业应用还有很长的一段路，但是它们的辅助服务价值是值得我们去说明的。

尽管 V2G 的每日容量对所有方案来说都是一样的，且都集中在晚上，但在资源利用上的强度和时间间隔上还存在微小差异。案例 2 ~ 4 以相似的方法分配它们的资源，运行范围更广但比案例 5 ~ 7 中的要分散。同时，与其他案例相比，案例 5 ~ 7 在更窄的时间范围里运作但它们在电力需求高峰期的作用更大。特别地，在案例 6 和 7 中，经济激励使得 V2G 的电力调度作用可以在电价最贵的时候充分显露；然而，如果电力的价格在一天里的其他时候更贵或者混合燃料的碳排放强度在未来发生彻底的改变，这种分配方式是很容易改变的。

与图 6. 14 类似，图 6. 27 描绘了从已评估的最优化规划中得到的 PHEV 的 SOC 的变化。需注意的是，在早上 7 点，所有电池的 SOC 都达到了其最大值，尽管在所有情况下，充电和放电的电量是相同的，但每个方案都有各自的特点。然而，在图 6. 27 中由于巨大的储存容量和曲线变化（即 40% 的电量），每个方案之间并没有展现出不同。

可以从 PHEV 的储存量变化结果中得出以下结论：

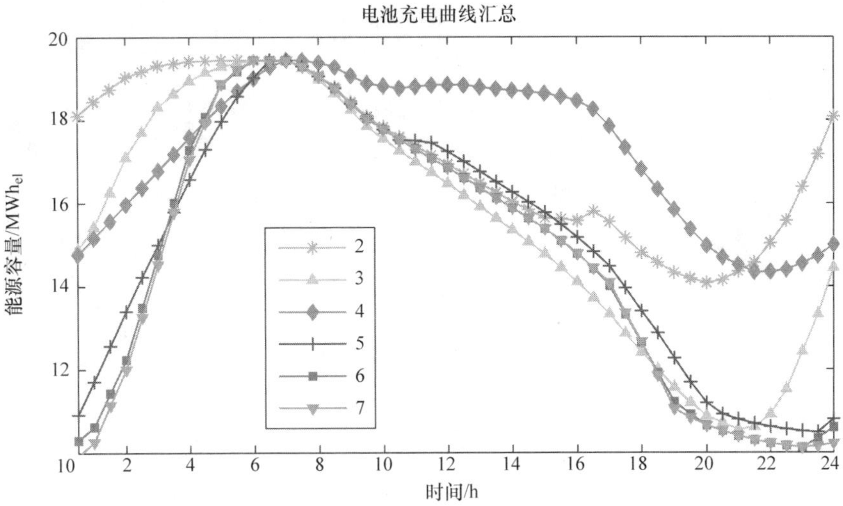

图 6.27　不同 TCOPF 运行策略中电池存储的 SOC 曲线汇总

- 因为 PHEV 的产能十分充足，对所有的方案而言行车路线都是一致的，所以其 SOC 维持在 10 ~ 20MWh_{el}之间。
- 所有的充电情况都遵循一个相似的变化曲线，在清晨储存能量后到第二次充电之前把电用于满足行驶要求，而案例 2 ~ 4 比案例 5 ~ 7 开始充电得要早。注意到在案例 2 ~ 4（按这个顺序）中，晚上的充电开始时间有所提前。
- 在各个案例中对 PHEV 渗透率的模拟让我们可以看到巨大的后备容量和电池储存量，这部分容量可应用于需求响应项目和其他辅助性服务。
- 因为案例 2 ~ 4 没有达到 SOC 的最小值（例如 10MWh_{el}），而是案例 5 ~ 7 中的 2 倍值，所以电池没有被充分利用，可以应用类似于案例 5 ~ 7 的最优化管理策略。

图 6.28 ~ 图 6.33 展示了电化学储存在模拟情况下进行分配的方式；提供的值是发生在被分析的时间间隔内的每个节点的净注入量。正值表示在该节点 PHEV 总体是在充电（G2V），而负值就相当于该节点向电网反向馈电（V2G）。

网络中电池容量的调度有以下模式：

- 因为案例 2 有一个持续的 PHEV 充电过程，所以在一整天里有三个明显峰值的情况下，V2G 的注入就变得微不足道；另一方面，对案例 3 来说，尽管变化很细微，但由于充电延迟，我们可以观察到 V2G 的注入。
- 案例 4 和 5 有相似的调度模式，因为车辆的充电主要发生在半夜和清晨的时间里，尽管在案例 4 中时间延伸到了中午（减少了汽油的消耗），而在案例 5 中充电集中在早上 7 点以前（减少网络的损耗）；相似地，尽管强度不同，电池的 V2G 注入都发生在需求高峰期。

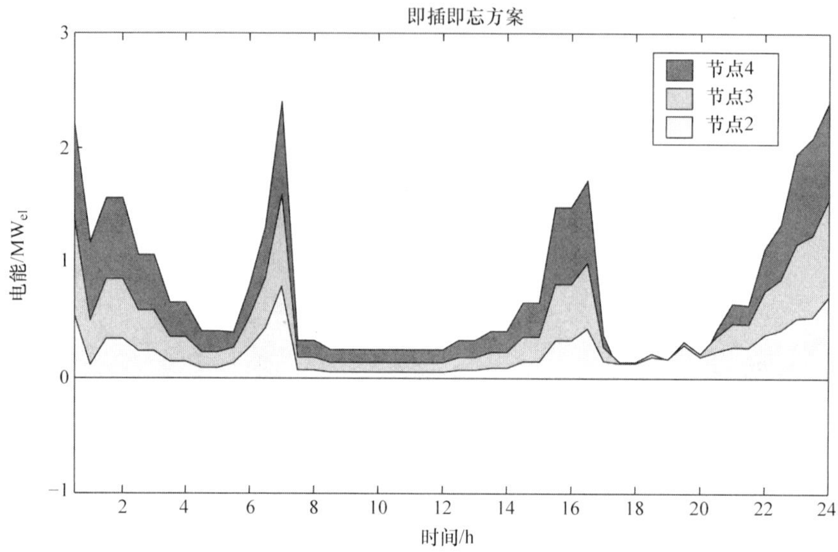

图 6.28　案例 2 中电池存储装置的调度

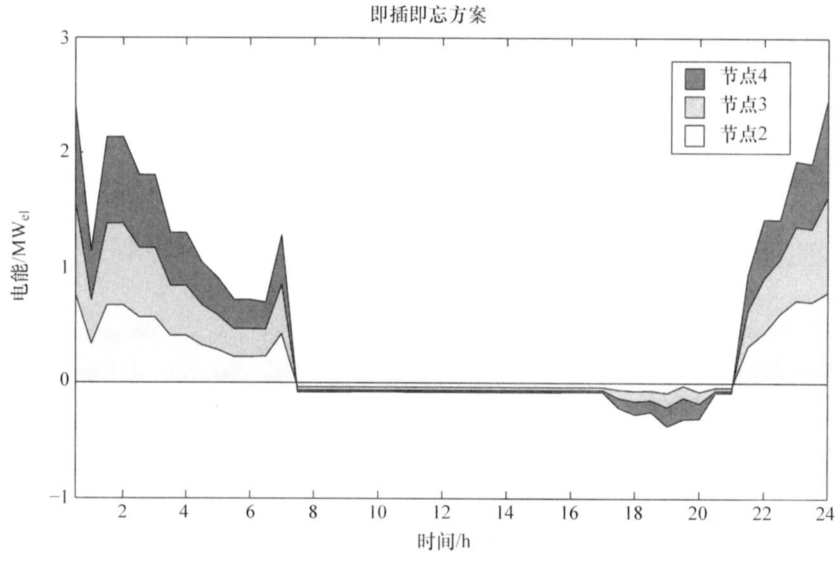

图 6.29　案例 3 中电池存储装置的调度

- 案例 6 展示了低于电力现货价格的情况下，PHEV 的独特曲线，当电力价格最低时，G2V 供电会有强烈的需求；相似地，对于大部分 V2G 供电，会在电价较贵时进行，以期响应供需要求，获得最大收益。
- 案例 7 描绘了碳排放费用在 PHEV 配置上造成的微妙差别，从中我们可以

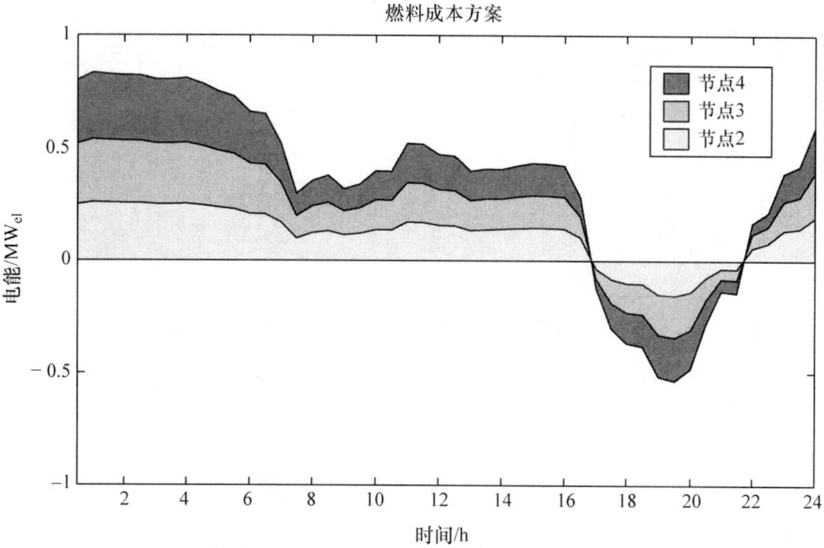

图 6.30　案例 4 中电池存储装置的调度

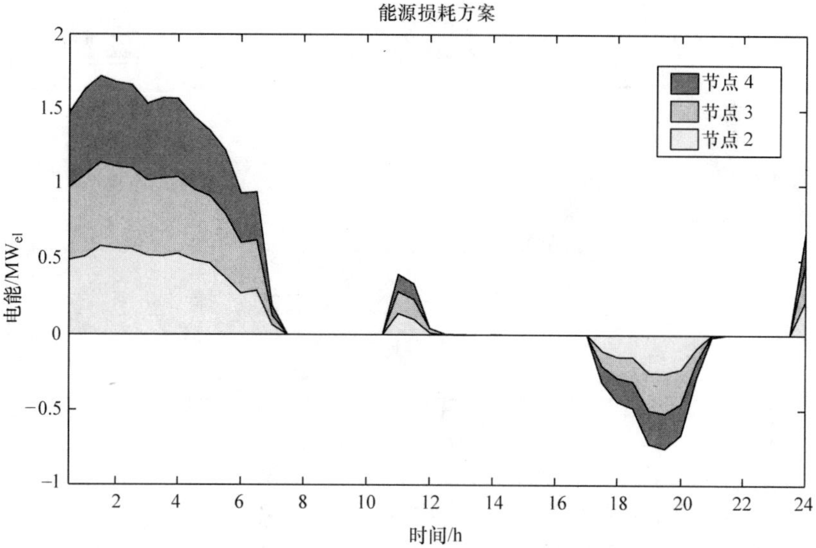

图 6.31　案例 5 中电池存储装置的调度

得出结论：与当前电价相比，现有碳排放价格并不足以推动 PHEV 负载控制策略的实行。

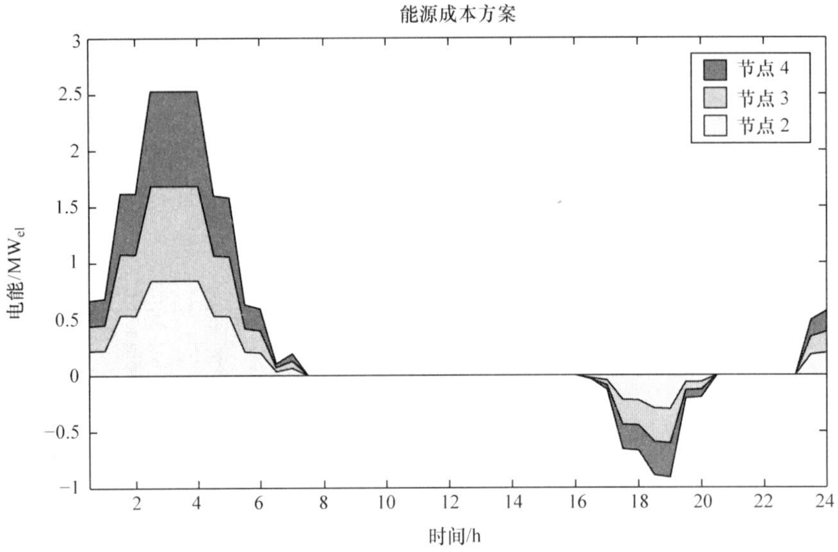

图 6.32　案例 6 中电池存储装置的调度

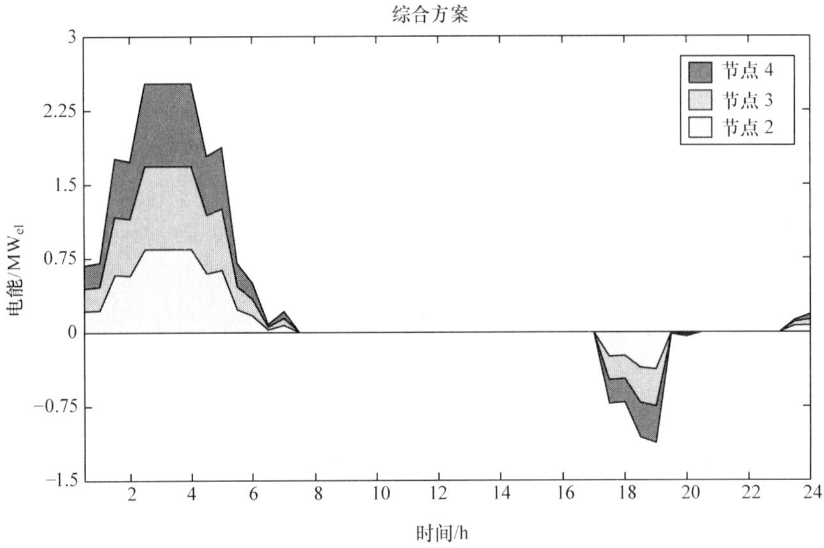

图 6.33　案例 7 中电池存储装置的调度

6.3　结果综述

为处理好分布式能源在供能网络中的集成问题，TCOPF 项目已被用于分析运行策略对网络参数的不同影响。表 6.16 简要体现了整个城市能源系统的概况。正如表 6.16 所示，当为减少能源消耗、碳排放费用而进行最优化时，能源系统会运行得更好（即案例 7）。从技术角度看，案例 5 最具吸引力；然而，案例 7 看起来是最经济、最环保的，那是在现货价格用于刺激能源系统的前提下；另外，从燃料成本的角度考虑，案例 4 也是不错的选择。

表 6.16　城市能源系统的技术 – 经济结果

TCOPF	燃料成本/英镑	能源成本/英镑	松弛/(MWh)	损耗/(MWh)
1	2658.97	11907.53	363.95	13.51
2	2827.11	12150.83	373.08	14.29
3	2825.22	11935.86	372.99	14.15
4	2791.32	12076.34	371.17	12.33
5	2815.62	11561.28	371.75	10.77
6	2829.56	10926.38	368.85	12.75
7	2827.65	10918.84	368.74	12.64

模拟实验证明了为改善能源输送而通过 TCOPF 程序协调分布式能源技术的效率。总之，分析结果表明，微型热电联产技术的应用会对天然气输送网络的关键操作变量，如功率损耗和峰值负载需求，产生轻微负面影响。虽然如此，通过引入储热装置，并合理管理，可以降低峰值需求、提高负载因子。此外，由于热电联产的应用和 V2G 供电，有望改善电气基础设施的性能；这意味着电力企业能通过智能管理方式获取最大的利益。

另外，应重视对分布式能源装置优化运行的初步迹象的解读。许多数据描绘着“何地，何时，用多少”，嵌入技术应以最佳方式入网。虽然不同技术的操作行为随操作策略而变化，但可以确定的是，PHEV 的充电主要发生在夜间；如果有必要，V2G 供电将主要在用电高峰期进行。另一方面，微型热电联产技术配置可以根据实地运行状况进行调整。

模拟的另一结果体现了存储技术在网络中的重要性。对于远离松弛节点的节点来说，理想状态是，低需求时进行大规模的充电，用电高峰时进行大量放电。因此，当电力需求高时，可以通过最小化供应点到最远节点的电力传输来减少电力损耗。相反地，与远离松弛节点的资源相比，供应点附近节点的存储设施需要的维护较少；这是因为它们运行时给电网造成的负担较小。最后，必须指出的是，相比于其他案例，在案例 5 ~7 中存储资源的使用会更连贯；这些规划似乎增强了储能系统的管理。

如今，需要强调的是，天然气基础设施的本质特征和稳健性是强化电网的重要条件。这是因为，虽然天然气网络随着热电联产应用的增长负载加大，但必要情况下，它能辅助电网运行；这种情况主要由两大因素造成：

- 额外的天然气负载不是一种运行风险，因而基础设施能够轻松地处理更高的负载要求。

- 基于现货市场价格运营的情况下，若天然气现货市场价格稳定在较低的水平，则可以用天然气代替电力，充分发挥热电联产的优势，从而提高整个城市能源系统的性能。

从电网供应点的角度看，这些结果也体现了操作运营策略对负载曲线的影响。通过确定每个节点的边际成本，负载需求变化会被转化为经济指标，应用于规划和运营。边际电价会根据分布式资源向消费点供能的能力而变化。因而，我们可以假设，当分布式能源的普及率增加时，天然气的边际成本将会上升，电力的边际成本则可能下降。

总而言之，由 TCOPF 工具得出的技术 - 经济结果是未来能源系统中各部分优化协调的关键数据。在所分析的几个案例中，案例 7 成本效益最好，最关注其产出对环境的影响。不管怎样，规划标准非常灵活，能被修改后用于评定用户感兴趣的特定案例情景；因此，利益相关者可以决定哪些性能参数需要改进。TCOPF 模型框架证明，在评估分布式能源给能源供应网络带来的影响时，类似于 TCOPF 这样的工具有重大的战略价值。

第 7 章　能源服务网络中电动汽车流动性的建模

要发展建立一个高效、可靠的智能电网，确定电动汽车最佳充电曲线的能力是至关重要的。然而，正如第 4 章中所解释的那样，目前处理这一问题的分析水平缺乏综合的时空因素，以致流动性成为当能源动力系统分析想要适当表述该现象时面临的主要挑战，特别是在低电压层面时。对于第 6 章中的案例研究，插电式混合动力汽车（PHEV）的流动性数据来源于出行调查，大量关于 PHEV 在能源网络中的位置的假定也被提出。无论如何，目前的建模能力可为高精度地模拟交通网络中的车辆行驶状况提供充足的方案，使得时间和空间数据都可作为能流研究的输入数据。

本章通过基于 agent 的模型来模拟道路网络中的车辆行驶模式，详细说明了 PHEV 的最佳充电方式所适用的原则。车辆产生的时空数据将用于可靠的预测，使得时间协调最优潮流（TCOPF）程序可以为当地电网设计出最佳的充电模式。对城市区域的多天案例研究可以验证模型的有效性。结果显示，与使用低碳燃料相比，使用混合燃料的 PHEV 在充电时具有较高的层次细节和可变性。

简单起见，之前纳入该模型的天然气基础设施和热电联产（CHP）技术在本章中不予考虑；该案例研究的重点在于连接交通和电力部分，研究这两者之间的协同效应。在展示两种模型之前，首先对现有建模方式进行概述和简要的文献回顾。一种是基于 agent 的电动汽车用户模型，另一种是能流模型，可以同时使用这两种模型来创新地解决移动负载问题。

7.1　PHEV 流动性的建模

7.1.1　建模方法

在智能电网这个主题下，电动汽车的最佳充电方案是一个有趣的相关话题。这个问题本身易受许多因素的影响，而这些因素在不同程度上会影响到结果。相应因素包括浮动电价收费标准、用于运行汽车的电源的碳含量、电池容量、充电速度、车辆出行模式和网络特征（例如拓扑结构）——不胜枚举。因此，对于电力系统工程师，PHEV 的最佳充电方案研究仍然是一个全新的领域，从技术 - 经济、市场和政策角度来看，均有很多亟待解决的问题。

参考文献［225］和［226］对 PHEV 对电网的影响进行了测定、管理、模拟和总结。迄今为止，当涉及这一问题时，仍未解决的情况是，研究者在处理能流计算的流动性问题时必须做大量的假设[227]。车辆的使用与随之而来的能源需求通常基于综合计算，例如综合人口数据与平均出行距离[228]或者综合当地出行调查和其他国家的可用于比较的数据[229]。这些随后会被转译成 PHEV 负载曲线，并被加载到现有住宅与商业负载中。相似方法在第 6 章中也用过。

由于轻型汽车的出行调查可用数据有限，模拟车辆出行模式与综合能流分析之间的研究缺乏深度。而且，基于调查数据的研究不能细致展现车辆如何在道路网络中行驶，也不能呈现车辆所在能源网络的布局，因而只能假定车辆具有特定的出行模式。目前的动力工程研究，致力于改善电网性能[228]或降低 PHEV 用户的充电成本，同时提高低碳电力的利用率[229]。

文献中的一个反复出现的主题是通过第三方来协调 PHEV 容量的需求响应策略[230]。在这些研究中，有限的空间数据足以进行高水平分析；然而，要对配电网中的 PHEV 带来的能流进行更好的描述，需要更精密的数据。使用基于活动的方式产生 PHEV 活动的时空数据是另一种选择[231]。在空间尺寸也已知的有利条件下，这类活动随后会被转化成能源需求。相似地，参考文献［232］使用了对交通的微观模拟，包括潜在的拥堵，去创设车辆的曲线，用于研究 PHEV 对苏黎世的电力网络的影响[233]。这些方法采用基于 agent 的模拟（ABM）范例，用一种自下而上的方式模拟系统中的行为个体，包括它们的自主行为和相互作用。

考虑到电力系统的社会 - 科技相互作用，特别是当分布式能源被囊括在内时，将对智能电网的研究视为人工智能合情合理，因为 ABM 也是人工智能的一种。举个例子，在用 PHEV 替代以内燃机做动力的汽车之前，需基于 agent 对其进行模拟，在这个模型中，家庭购买新车的决定起主要作用[234,235]。而且，基于 agent 的市场模型已经被建立以匹配分布式能源的供求[236]，并应用于实验室中用硬件进行电动汽车充电的最优化[237]。

基于 agent 已被用于电力储存的管理，作为最小化高峰负载的一种方法[238]。类似地，ABM 框架被用于连接各种能源结构模型，包括以交通模拟为辅助的供需模型，该模型可用于研究车辆到电网（V2G）供电的影响以平衡风能[239]。同样，参考文献［240］应用多方 agent 的方法为 PHEV 充电，以减少失调，在该模型中，车辆、变压器和平衡组件共同完成协调充电、操作网络以及供应电力的任务。这种由下而上的 ABM 方式提供了一种建模模拟动力系统的新视角，从这个新角度，PHEV 的活动能被模拟出来，以获得对动力系统行为和控制的新见解。

7.2 基于 agent 的模型与潮流模型的综合

如文献综述所示，为了通过 PHEV 的调度来获得最大利益，动力系统工程师的当务之急是将这些电动汽车应用于公用事业，其中流动性是最为关键的因素。本节将在 TCOPF 模型中并入基于 agent 的模型，以确定 PHEV 在城市环境下的活动情形[227]。

图 7.1 描述了这两个模型之间的连接方法，以及所需的输入数据的类型。这两个模型可用于整合交通和电力系统，将其简化到一个分析框架中。ABM 可以对车辆每个时间段内的能源消耗和在网络中的位置进行追踪，这些宝贵的时空数据将会作为 TCOPF 程序的负载预测。这种自下而上的 ABM 视角，可以展示车主和他们的出行情况，也可以与公用事业和利益相关者总览网络运行状况的自上而下的视角相结合，从系统层面对车辆的充电情形进行优化。将这两个模型相结合，通过研究交通与动力系统的相互作用可以解决智能电网的核心难题。

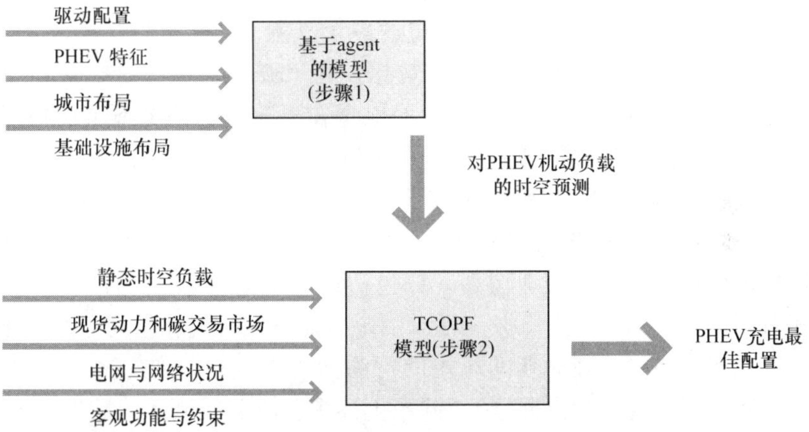

图 7.1　综合基于 agent 的模型与最优潮流模型能有效分析电动汽车对电网产生的影响

7.2.1　车辆基于 agent 的模型

ABM 描述了电动汽车车主的行为，车主在模型中是自主的，他们的日常活动把车辆带到了城市的各个角落。这些活动可分为工作和休闲，例如去上班、见朋友或购物。该模型定时对每辆车的位置和电池电量进行追踪记录，电池电量的减少与汽车的行驶状况和车辆的特性有关。

首先需向 ABM 输入驾驶者的概括，以明确该城区居民的出行特点。这些驾驶者包括在职人员、接送小孩上学的人、退休人员等。每位驾驶者都具有个人特征，如家庭地址、工作地址（如果有的话）以及子女的个数。每一大片区域中，有一定比例的居民用车习惯相近，且拥有 PHEV 的数量是相同的，在建模时，他们的信息设定可以相同。此外，模型中使用的车队特征是作为一种输入，包括电池容量和以 kWh/km 为单位计算的行驶效率。

此外，该模型的输入数据还包括城市的布局。相关数据从地理信息系统（GIS）的 shape 文件导入，该文件以坐标的形式记录了建筑、道路和能源服务网络的信息。ABM 基于驾驶人的活动，利用城市布局来确定车辆的行程路线和电网中适合车辆接入的最近变电站。通过以上方法计算出的每个时间段的 PHEV 信息是将先前所提的未知的时空因素纳入最优潮流问题的关键。

模型中车辆的活动各不相同，取决于特定的驾驶者以及设定在每天的哪个时间段，每周的哪一天。举个例子，在特定的时间，工作者开车上班的时候，带孩子的人则送孩子去上学。同时，其他活动可围绕核心任务按计划开展，即这些汽车必须遵守一定的约束条件。可用随机分布确定个人的出发时间以及下一活动的类型和地点。

该模型的一个假设是，当车主不驾驶时，车辆会连入网络并连接充电装置。最近的变电站的位置取决于车辆停放的位置。在每个时间间隔，所有在充电的 PHEV 在各节点汇总，由此，模型可以确定充电的最大速率，当前的荷电状态（SOC）以及电池的最大 SOC。因此，模型的输出数据使得 PHEV 队更具时空上的负载灵活性。需注意的是，在 ABM 中，汽车的电池电量在不充电的情况下可供每天行驶约 30mile㊀；因此，可以仅靠汽车的电池电量来满足其日常行驶需求。

基于开源的 Repast 城市模型，ABM 已经应用于 Repast Simphony 仿真[241]。现有的考量驾驶人行为习惯的微观交通模拟模型和其他基于 agent 的模型可能更先进，可以提供更符合实际的交通仿真（如包括拥堵或交通信号灯控制）、而本文的模型则相对简单，只关注基于驾驶者活动的电力需求在时间和空间上的分布。仿真可以为一天或多天运行，在此期间车主的行为会发生变化（如一些人周末也得上班，人们可能在周五晚上晚点回家）。除了上述提及的负载灵活性数据，ABM 还会为每个车主创建日志，并提供总行驶里程和能源消耗（分别记录每辆车和总人口的能源消耗）等统计数据。然后将输出馈送到 TCOPF 模型，用于 PHEV 充电的优化。

7.2.2 PHEV 的优化潮流公式

本节将采用第 5 章所介绍的 TCOPF 的简化版本，结合基于 agent 的仿真数据来解决 PHEV 的充电问题，较为合理地将其接入电网。以某日负载曲线为例，求解器分析了其多个节点的电网状态以及 PH 电动汽车车队所必需的能量。此数据在被处理之后，TCOPF 可以根据相应的目标函数计算何时发出电动汽车充电的指令最为合适。目标函数可以着重于减少成本或减少与 PHEV 充电相关的二氧化碳排放等类似目标。因此，TCOPF 可以专注于在多周期的时间间隔里最小化或最大化非线性目标函数，这些目标函数受一组非线性的约束条件的限制。

这里所介绍的关于 PHEV 最优充电的多目标函数，旨在找出对 PHEV 日常高效充电造成影响的关键要素。这些驱动因素以货币形式表现如下[242]：

- 日前电力现货市场价格；
- 利用碳密集型电力充电时的碳成本；
- 能源输送网络的运营成本。

㊀ 1mile = 1609.344m。

目标函数的重点是尽量减少 PHEV 充电相关的能源和排放的成本。总成本是由现货和碳市场以及电网运输成本给定的价格信号来计算，如式（7.1）所示。该求解器是全面和公正的，所以才会没有偏好任何特定一方，无论是电动汽车业主或公用事业公司。在实现 PHEV 充电成本最小化的前提下，所提出的目标函数可以陈述如下。

7.2.2.1　PHEV 充电成本最小化情景

$$\min \mathrm{PHEV}_{\mathrm{costs}} = \min[C_{\mathrm{phev}} + C_{\mathrm{dno}}] \tag{7.1}$$

$$\min C_{\mathrm{phev}} = \min \sum_{\beta=1}^{n\beta} \left[\sum_{\alpha=1}^{nPg} P_{\mathrm{E}\alpha,\beta} + \sum_{\alpha=1}^{nPg} P_{\mathrm{P}\alpha,\beta} \right] \tag{7.2}$$

$$\min C_{\mathrm{dno}} = \min \sum_{\beta=1}^{n\beta} \left[\sum_{\alpha=1}^{nPg} P_{\mathrm{F}\alpha,\beta} \right] \tag{7.3}$$

式（7.1）所示的充电成本由两部分组成，即现货和碳交易市场的电力价格成本（7.2）及能源输送的电力成本（7.3），因此，可以确保整个能源系统的管理是从经济角度进行了优化的。这一方案确定了 PHEV 的充电优先级，即在对车主、电网和环境最有利时进行充电。

该规划的等式和不等式约束定义了所分析能源系统的可行解决方案的范围。所采用的约束类似于第 5 章中对电网和嵌入式设备的约束，但由于该方案不考虑天然气网络、热电联产和车辆到电网（V2G）的馈电，与此相关的约束也不予考虑。因此，本方案包括快照和全局约束。

快照约束规定每个时间段 β：

$$P_{\mathrm{G}\alpha} - P_{\mathrm{D}\alpha} - P_{\mathrm{T}\alpha} = 0 \qquad \forall \alpha \in P_{\mathrm{n}} \tag{7.4}$$

$$Q_{\mathrm{G}\alpha} - Q_{\mathrm{D}\alpha} - Q_{\mathrm{T}\alpha} = 0 \qquad \forall \alpha \in P_{\mathrm{n}} \tag{7.5}$$

$$V_{\alpha,\min} \leqslant V_{\alpha} \leqslant V_{\alpha,\max} \qquad \forall \alpha \in P_{\mathrm{n}} \tag{7.6}$$

$$|t|_{\alpha,\min} \leqslant |t|_{\alpha} \leqslant |t|_{\alpha,\max} \qquad \forall \alpha \in P_{\mathrm{t}} \tag{7.7}$$

$$P_{\mathrm{D}\alpha,\min}^{\mathrm{phev}} \leqslant P_{\mathrm{D}\alpha}^{\mathrm{phev}} \leqslant P_{\mathrm{D}\alpha,\max}^{\mathrm{phev}} \qquad \forall \alpha \in P_{\mathrm{n}} \tag{7.8}$$

$$\mathrm{EVSOC}_{\alpha}^{\mathrm{store}} \geqslant 0 \qquad \forall \alpha \in P_{\mathrm{n}} \tag{7.9}$$

全局约束在分析的整个周期内有效：

$$\mathrm{G2V}_{\alpha,\beta}^{\mathrm{store}} - \left(P_{\mathrm{D}\alpha,\beta}^{\mathrm{phev}} \cdot \frac{hr^{\mathrm{total}}}{n\beta} \right) = 0 \qquad \forall \alpha \in P_{\mathrm{n}}, \forall \beta \in n\beta \tag{7.10}$$

式（7.4）和式（7.5）分别指为达到节点平衡网络中每个节点在每个时间间隔必须满足有功功率流和无功功率流的平衡。式（7.6）表示节点电压限制，式（7.7）规定了有载分接开关（OLTC）的运行范围。式（7.8）详细介绍了每个节点处允许的 PHEV 充电的灵活需求——一个由 ABM 模拟提供的重要约束。式（7.9）规定，所有节点的电池存储系统的 SOC 在任何时候都必须等于或大于 0，式（7.10）基于 ABM 所预测的行驶情况详细说明了电池的再充电过程。

对于 TCOPF 问题，可用 gPROMS 软件通过多周期非线性优化进行编程、执行和求解[215]。问题求解成功时，软件会给出一份总结报告，包含以下结果：

- 优化所需的时间；
- 目标函数的最终值；
- 每个时间间隔中的所有变量的值。

7.3 PHEV 充电的 ABM - TCOPF 案例研究

7.3.1 输入数据和假设

小城区的案例研究体现了 ABM 和 TCOPF 模型之间的互通性。该案例研究的目的是为了阐明，由于 PHEV 的时间和空间特征，可以通过 ABM 预测其在电网中的负载灵活性。该数据可为配电网运营商（DNO）、能源服务的提供方和消费者的决策提供可靠的预测，使 PHEV 在处于能源网络中不同位置时均能以最佳时间高效地充电。该案例研究的影响因素有：

- 驾驶员情况（即 agent 的类型）；
- PHEV 特性；
- 城市布局；
- 稳定的电力负载需求（例如住宅和商业负载）；
- 配电网特性。

7.3.1.1 驾驶员资料

目前，该模型包括以下三种驾驶员：

- 有工作，可能有或没有处于学龄期的孩子；
- 没有工作，但有处于学龄期的孩子；
- 已退休或其他不需要去上班和/或去学校的。

从一个地理信息系统文件中可以导出 14 种情形的驾驶员，其中有 10 个为第一类，2 个属于第二类，剩下 2 个属于第三类。在此分布基础上设定 250 个主体，每一个都有不同的家庭和工作地址（如适用）及一定数量的学龄期儿童。在该模型中，80% 的车主在办公室工作而剩余的 20% 在休闲中心或商店工作。此外，约 10% 的 PHEV 车主周六也得上班。假定驾驶员在城内活动，不会耗尽电池电量。该假设可以确保在给出的城市布局和车辆特征下，没有驾驶员会有“里程焦虑”。

7.3.1.2 PHEV 特性

在模型中使用的车辆是日产 Leaf，具有 24kWh 的电池容量，以 0.15kWh/km 行驶，充满电可供行驶 160km。不论电动汽车何时接入充电，均可使用 240V、13A 的充电器，即假定最大充电率为每单位时间 3.12kW。

7.3.1.3 城市布局

可利用地理信息系统存储全市所有的地理数据，案例研究所采用的城市布局如

图 7.2 所示。市区大致分为三个区域：市中心主要（但不完全是）由住宅组成；城市的南边是办公楼和一些休闲区域；东北部是休闲中心和商店集中的地方。道路网络将城市建筑物连为一体。此外，全市有四个变电站，共同构成了一个 11kV 的配电网。其中两个变电站分布在住宅区，其他两个区域各有一个变电站。由于仅通过地理距离来判断与 PHEV 最近的电力节点，停放在办公区的汽车实际上与住宅区的电力节点距离最近。因此，从 DNO 的角度看，城市各地区之间没有严格的划分，但每个节点的负载具有各自的特征。

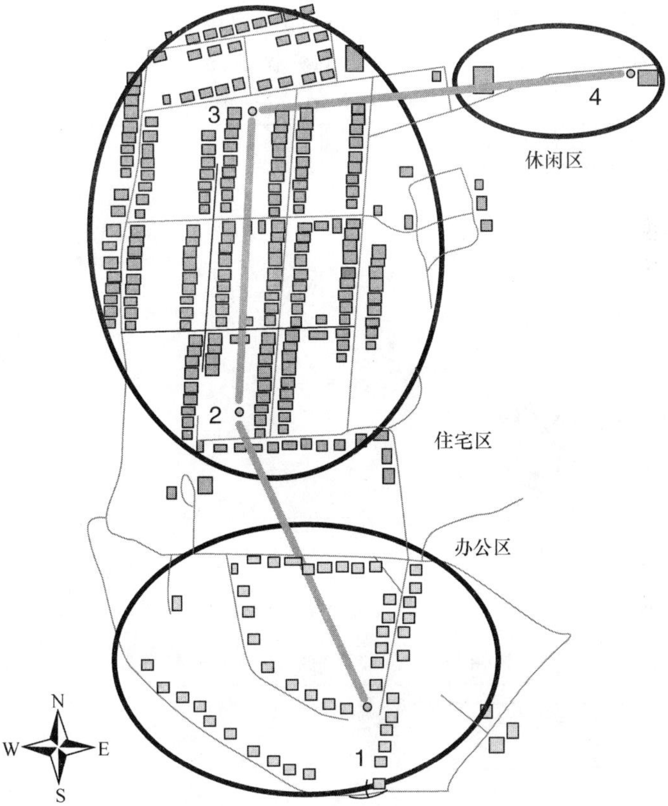

图 7.2　用于案例研究的市区方位图

7.3.1.4　电力负载资料和网络特性

除了满足 PHEV 充电需求，电网还需满足住宅和商业用电需求。这些需求曲线代表市区的能量需求。研究中使用的负载曲线来自英国通用配电系统数据[216]，常用来模拟不同类型用户的用电情况。所有的负载曲线的时间间隔均为半小时，与典型的英国冬季的供能情况相符。如图 7.2 所示，11kV 网络具有径向拓扑结构，由四个节点组成。假定系统在平衡条件下运行，由正序网络表示。此外，每个节点处的负载为三相平衡负载。电力是由高压输电源提供，并在位于城区南部的节点 1 调低电压。节点 2 和 3 代表中央居住区，而节点 4 是在城市的东北部。所用的电压和功率分别为 11kV 和 1MVA。

7.3.2 案例研究和能源系统参数

案例研究探讨了三种能源场景，第一种场景不考虑 PHEV，可作为城市能源系统运行状况的基准；第二种场景采用英国现有的发电组合，基于当前的价格和排放量来探究最佳的 PHEV 充电模式；第三种场景考虑到了未来风电的大幅增加（例如占燃料结构的 20%）。这三种场景均根据燃料组成结构考虑每日变化的电价和 CO_2 排放量。此数据用于激励充电，因为目标函数以货币的形式表示，类似于参考文献［242］所展示的研究工作，工作日的数据如图 7.3 和图 7.4 所示。

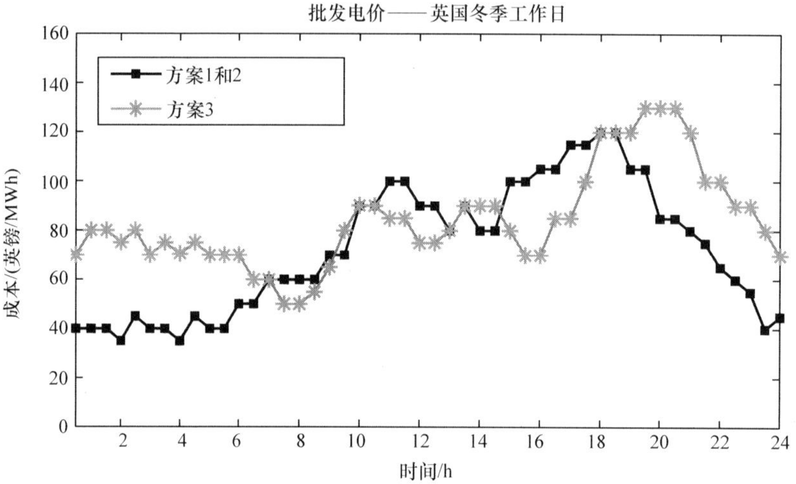

图 7.3 英国冬季工作日的电力现货价格——目前和未来情景下的案例分析

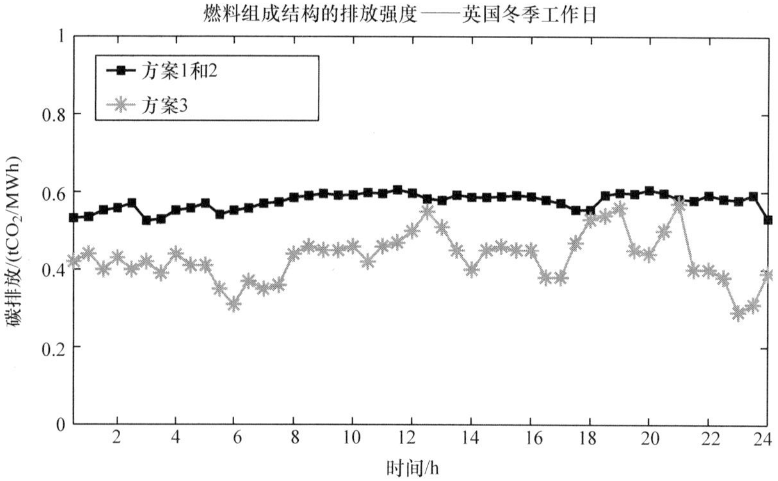

图 7.4 英国燃料组成结构下每发 1MWh 电的碳排放量——目前和未来情景下的案例分析

一旦 ABM 模拟被执行时，这三种情况将使用相同的出行路线和静态负载；现货价格和碳排放量信号是唯一的变量，因此将价格变化与可变负载建立相关性。仿真时间是 72h，从周四早上到周日早上，在此期间，车主的活动和需求曲线均符合当天情况。模拟的一个关键假设是，所有的电池在早上（工作日早 6 点，周末早 8 点）必须处于完全充电状态。表 7.1 为此案例研究中所用的能源系统参数。除非特别注明，表中列出的所有变量均以 PU 为单位。

表 7.1　案例分析的技术－经济参数

电网拓扑结构	节点数为 4，分支数为 3
电力松弛节点	$V_1 = 1\angle 0°$
导纳	$Y_{12} = Y_{23} = Y_{34} = 205.29 - j38.17$
电网节点 $\alpha = 1, 2, 3, 4$	$0.94 \leqslant V_\alpha \leqslant 1.06$
分接开关	$0.95 \leqslant \lvert t \rvert_1 \leqslant 1.05$
PHEV 单位容量	$P_{D,max}^{phev} = 3.12kW_{el}$
电池单位容量	$EVSOC_{max}^{store} = 24kW_{el}$
DNO 操作方案 1 和 2	$P_F = 10P_{G1} + 0.10P_{G1}^2$
碳价格方案 1 和 2	12 英镑/t
工作日现货价格方案 1 和 2	72.71 英镑/MWh
工作日现货价格方案 1 和 2	64.70 英镑/MWh
DNO 操作方案 3	$P_F = 20P_{G1} + 0.20P_{G1}^2$
碳价格方案 3	60 英镑/t
工作日现货价格方案 3	86.67 英镑/MWh
工作日现货价格方案 3	68.30 英镑/MWh

7.4　技术－经济性结果

7.4.1　基于 agent 的模型结果

正如上面所说，ABM 仿真执行 3 天后的输出数据可导入 TCOPF 工具，用于上述三个场景下的仿真。表 7.2 提供车主的行驶行为以及电池的状态数据，即早上 6 点停止充电后，仿真周期结束时的电池状态。如表所示，由于车辆的使用是随机的，各车主之间的行为有实质性差异。这意味着，一部分车主几乎不使用电池，而另一部分则有更大的里程需求。一般来说，车辆在周五使用更为频繁，在这一天中，车主既要工作也要有一定的休闲娱乐活动。

表 7.2 每天结束时电池的状态以及运行距离

时间	平均距离/mile	最小距离/mile	最大距离/mile	电池 SOC（%）
周四	24.83	6.33	61.73	74.64
周五	31.78	7.50	73.16	67.56
周六	23.55	3.41	66.46	75.96

表 7.3 给出的 AMB 结果对利益相关者确定 PHEV 负载的灵活性十分有用，其中包括电池消耗的总能量，以及它们的接入电网率（接入电网的车辆所占的百分比）。接入电网率高度依赖于时间，当大部分车辆在路上行驶时，接入电网率约 30%，然而在夜里，接入电网率可达 100%，这是因为车辆的所有者是居民。白天消耗掉的全部能量均来自电网供电，而接入电网率给出了何时可以为 PHEV 充电的一个约束条件。由于在周五这一天车辆使用最为频繁，这一天能源消耗最多，接入电网率最低，而在模拟中，周四的情形与周五类似，尽管周四是工作日。相比之下，周六的车辆使用率更低，这一天接入电网率的最小值明显高于工作日。

表 7.3 车辆的能源使用和每天的接入电网率

时间	能源/(MWh)	平均接入电网率（%）	接入电网率最小值（%）	接入电网率最大值（%）
周四	1.521	92.69	32.4	100
周五	1.946	90.93	35.6	100
周六	1.442	93.79	65.6	100

ABM 模拟的结果提供了相当高水平的、关于车辆行驶模式的细节；因此，模型的粒度使得在每个时间间隔叠加计算节点的电池容量是可行的。

图 7.5 ~ 图 7.8 从供应点的角度展示了模拟的三天中四个节点处的能源曲线。SOC 是节点即时的充电实际状态，而 MaxSOC 为给定节点处电池的 SOC 最大时的状态。在一天开始时，SOC 与 MaxSOC 是相等的，因为汽车的电池电量满格，但随着汽车的活动，电池的能耗越来越大，这两者直接的差距也越来越大。这两条线之间的差距使电动汽车负载变灵活。第三个指标是电动汽车负载灵活性（EVLF），该指标基于车辆负载灵活性和最大充电率，用于表示给定时间内的充电电位。

由以上数据图可以得到典型的日常出行模式，例如清晨从节点 2、3 出发，到达办公区节点 1 的车流量。而到了周末，早高峰的时间会有所推迟，车流量也会减小，因为周末车主们的活动较为分散，有些人会选择出门参加娱乐活动。在工作日的午餐期间，从节点 1 可以看出人们快速出行回家或去商店，从其他节点的曲线中也可观察到该变化。在以上的图中另一种值得一提的模式是相比于周四，人们在周五晚上回家得更晚，周六更甚，从这些活动中我们可以得出丰富的细节。一些白天的出行变化是由活动的随机性造成的，而其他的则与出发时间上的偏差有关。总体上，对于所有节点，只要有出行活动，车辆的灵活性就会随时间而增加。

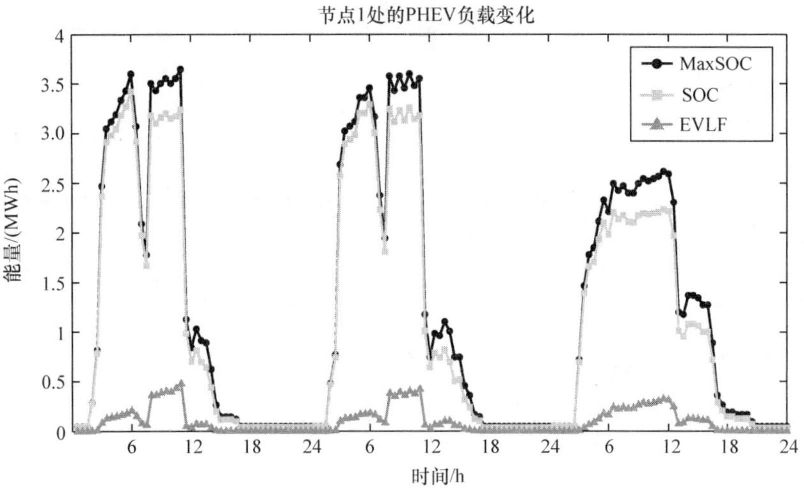

图 7.5　描述 PHEV 如何影响商业区域的节点 1 处的电池数据

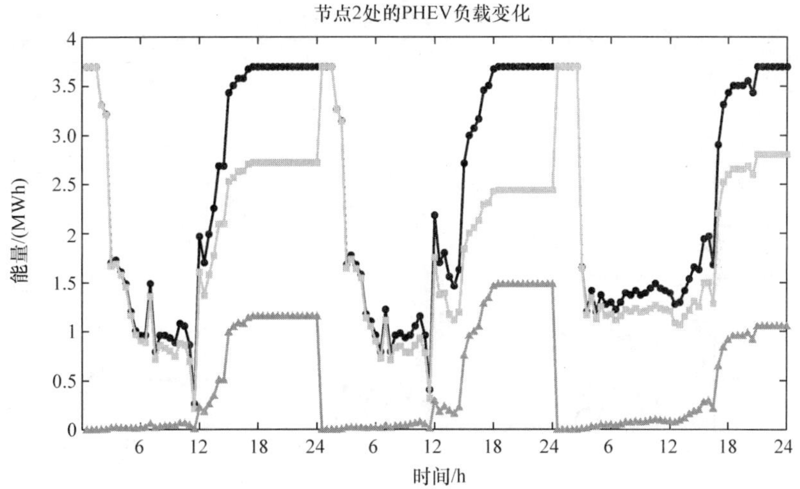

图 7.6　描述 PHEV 如何影响住宅区的节点 2 处的电池数据——所用图例与图 7.5 相同

图 7.6 和图 7.7 描述了 PHEV 在住宅区节点充电时电网可能出现的变化。通常，电池电量在晚上和清晨较高，下午时有所减少。如图 7.8 所示，节点 4 的电池量显然比其他节点少，这是由于节点 4 附近人口较少，没有那么繁华，该区域的 PHEV 也较少。但较低的 PHEV 普及率对应的负载也比其他节点小，对该区域充电基础设施的规划建设有参考作用。

所有车辆的行程结果是特定的负载曲线和主体活动的结果，而在 7.2 节说明的其他 PHEV 研究中，往往在空间要素不明确时将此数据作为输入。通过添加主体及

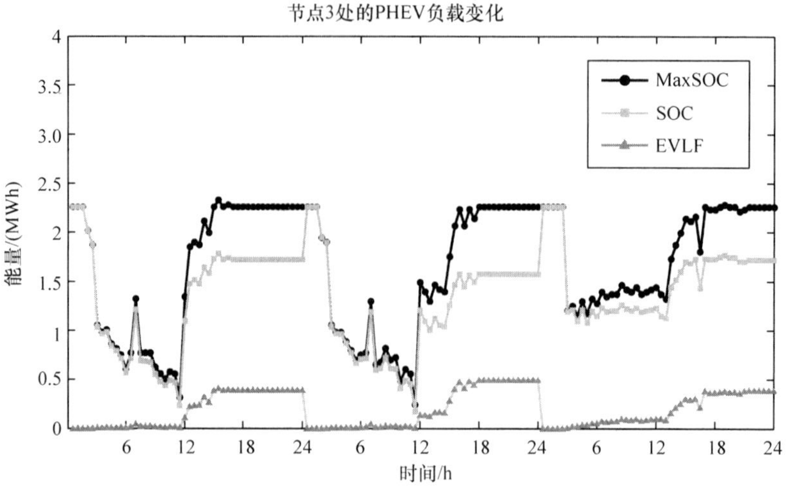

图 7.7　描述 PHEV 如何影响住宅区的节点 3 处的电池数据

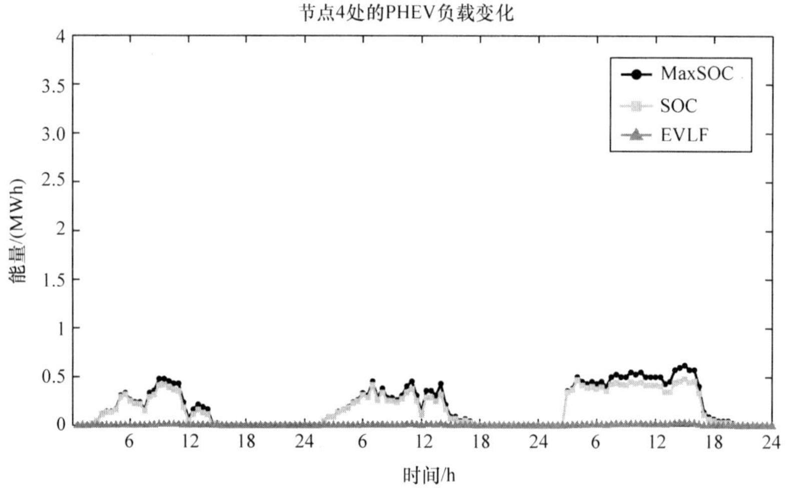

图 7.8　描述 PHEV 如何影响商业区的节点 4 处的电池数据

其多样性，可以对车主行为进行模拟和可靠的预测，由此为电网增加负载灵活性。ABM 模拟中的总用电量、接入电网率和负载灵活性等结果可为 TCOPF 模拟 PHEV 充电提供充分的输入数据。

7.4.2　优化潮流模型结果

与第 6 章的结果相比，TCOPF 对 ABM 关于 PHEV 和负载灵活性的大部分预测能更加详细地描述电池充电能流。表 7.4 通过比较 PHEV 的普及对当地网络的影响来比较基本网络指标。案例 1 是没有 PHEV 的情形，可作为提供的能量和网络损耗的数据基准。正如预期的那样，一旦 PHEV 被包括在模型中，由于基础设施中引入新负载，由松弛节点提供的能量和网络损耗都略有上升。在案例 2 和 3，也可以计算车辆充电所需的电力的成本和碳含量。案例 2 中的充电费用比案例 3 中的低，因为后者用于给 PHEV 充电的化石燃料具有更高的现货价格以及 60 英镑/tCO_2 的碳税。不过，与案例 2 相比，当案例 3 用清洁电力给 PHEV 充电时，TCOPF 求解器的优势显而易见。在此案例研究的基础上，为了便于讨论，确定当前 PHEV 充电的平均电网碳含量是 0.554kg CO_2/kWh。但是，如果增加低碳发电并取代煤炭，充电的排放可减至 0.393kg CO_2/kWh（见图 7.4），这将会对油井到车轮（W2W）的效率研究产生极大的影响[242]。

表 7.4　城市能源系统的技术－经济指标

案例	松弛/(MWh)	损失/(MWh)	充电排放/(tCO_2)	充电费用/英镑
1	507.86	14.63	0.00	0.00
2	512.97	14.82	2.72	244.01
3	512.97	14.82	1.93	435.40

图 7.9 和图 7.10 从电网供应点的角度描述了 PHEV 被包括在内时电网的负载变化。由于普及率低以及用电需求和价格之间的关联，可以估计充电主要发生在静态曲线的谷点处。但周六是个例外，因为在这一天下午也允许充电。有必要说明的是，虽然各种案例的充电曲线各有不同，但是车辆的日常能源需求都是一样的，所以案例 2 和 3 在松弛节点处所需的能量和损耗都是相同的。然而，如图所示，无偏的 TCOPF 求解器会根据不同的经济信号改变其调度充电——这种练习突显出 PHEV 负载的灵活性。

从这些结果来看，当具备可靠的通信链路和先进的算法，能源利益相关者应该对“PHEV 智能充电方案”充满信心。

图 7.11 和图 7.12 分别描绘了 PHEV 应在何地、何时以及充多大电量才能满足案例 2 和 3 情景下的能源需求。可以见得，粒度级别较高，我们可以由此预测 PHEV 普及率更高时所带来的随机充电需求。在这三天的评估中，案例 2 中有更多的充电发生在住宅区节点。同时，在案例 3 中，即使与住宅区类似的充电模式依然存在，但更多的充电发生在节点 1（商业区）的中午，而且住宅区节点的容量略有降低。值得一提的是，几乎没有充电发生在节点 4，这是由于将 PHEV 接入该区域的电网没有什么吸引力，但如果求解器预测这一天的晚一些时候充电会更便宜，那么情况可能会有所不同。

总体而言，由于像周四、周五这样的工作日出行活动是类似的，对它们的模拟都是相似的，所以我们可以推测其他工作日的 PHEV 充电曲线也是类似的。目前电动汽车的普及率仍然很低，大部分充电应该避开傍晚当地网络的需求高峰。另一方

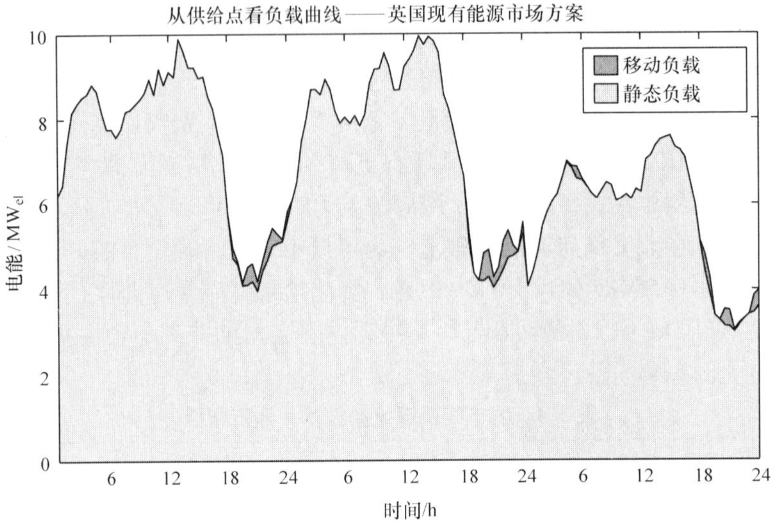

图 7.9　显示了案例 2 的最佳 PHEV 充电方案

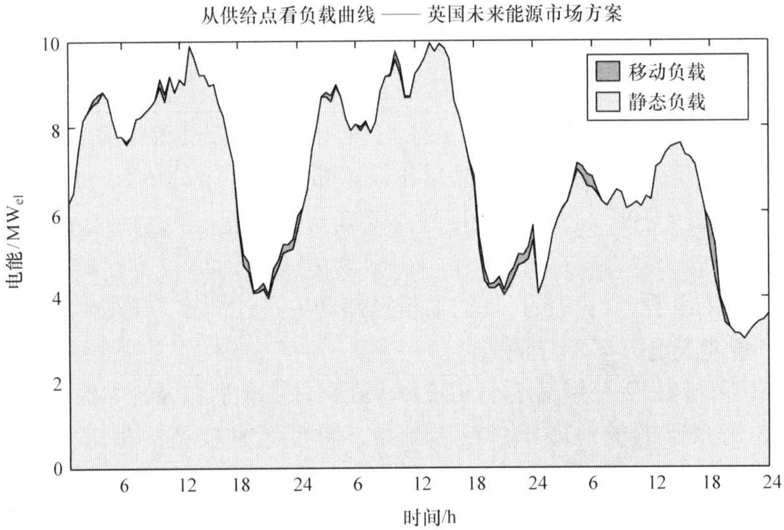

图 7.10　显示了案例 3 的最佳 PHEV 充电方案

面，在星期六由于车主截然不同的出行行为，PHEV 的充电需求与工作日不同，预测周末的负载灵活性更有挑战性。此外，随着 PHEV 普及率的提高，低电压网络的更详细的模型可以提供进一步的知识，以便更好地管理供电设施和开发更先进的充电算法。

详细的研究结果表明，输入数据和模型假设的变化对输出结果有显著的影响。

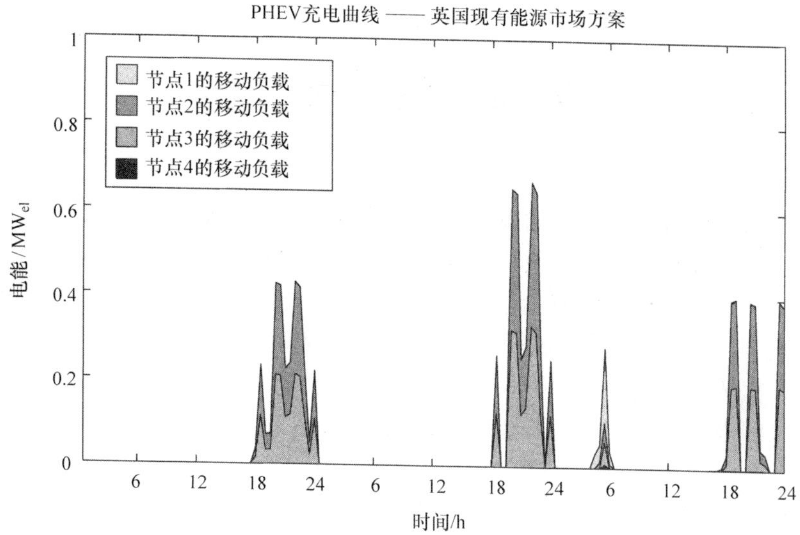

图 7.11 显示了案例 2 的最佳 PHEV 充电方案

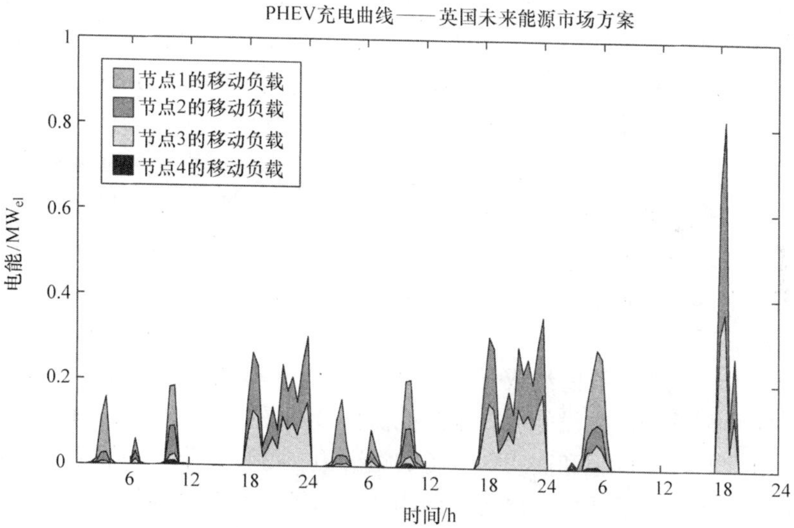

图 7.12 显示了案例 3 的最佳 PHEV 充电方案

事实上，每个案例研究都需要仔细规划。然而，案例研究要实现的核心目标是通过 TCOPF 建模框架来制定、模拟和计算 PHEV 的流动性，并得出最优的充电方案。综合各种建模原理的集成建模可以对电力系统进行前瞻性的研究。在案例研究中所体现的分析水平仅仅是电网中移动负载评估的冰山一角，为未来的负载需求问题提供了基本的解决模式。通过建模和进一步的研究，能源利益相关者可以掌握更精深的知识，有望将 PHEV 充电的基本元素无缝集成到电网中，以便更好地管理未来的电力系统。

第8章　结　束　语

对于分布式能源整合到基础设施中这一研究领域，未来的方向可以有很多；尽管如此，为了提高集成建模的质量和深度，首先需要重点突破的是本书所述的建模原理。例如，本书作者建议通过电力市场来推动插电式混合动力汽车（PHEV）的发展，一旦分析工具（例如本书所提到的分析工具）变得更加完善，就可以对其相关的商业框架进行更准确的分析。类似地，一旦可以更加有效地预测 PHEV 负载的增长，电网设计运行方面的研究就能得以开展。

8.1　总结和贡献

本书起源于一个假说，即在不久的将来，现行的公共事业能源管理方法将不再适用。这是因为分布式能源的部署迫在眉睫，公用事业需要转型，成为智能电网的一部分，而智能电网需要协调监控系统、分布式发电技术以及其他相互关联的基础设施之间的关系。因此，需要一个全局的分析来提高整个系统的性能。

为了解决这些问题，本书展示了一个综合的稳态建模框架，在使用嵌入式技术的前提下优化能源服务网络。该应用程序简称为 TCOPF，可以进行天然气和电力网络最优潮流的关键计算，并优化调度 PHEV 和微型热电联产装置。由此可见，TCOPF 实际上起着协调者的作用，使配电网运营商（DNO）能够以更低的成本来应用分布式资源。

理论上讲，能源系统的组成元素通过点和弧在模型中展示出来。这种方法明确了分布式能源装置为基础设施所带来的能流耦合问题。总的来说，优化工具的目的是通过同时计算基础设施和嵌入式设备的运行值，确保整个能源服务系统有最优的运行方案。因此，对于任何给出的目标函数，求解器都是全局的、公正无偏的，不会偏好某项技术或偏向某一方——想要让这个机制在自由的能源市场成功实施，透明度是关键。

运行优化问题的规划，如成本和损失最小化，已根据能源系统相关文献的标准方法进行阐述。类似地，通过在特定数量的时间间隔内运用分段常数函数可以确定运行控制机制和嵌入式技术；这种方法类似于等增量成本的调度原则。基于这些原因，TCOPF 程序使得新技术为能源服务网络带来的潜在的协同效应变得可视化，我们也可以据此采用最优的能流模式。

建模框架如 TCOPF 程序的潜在应用如下所述：

- 综合系统运营和规划；

- 嵌入式发电的分配和调度；
- 负载控制和储能调度策略。

为了简化问题，本书所述的模拟方法建立在一些简化假设之上，例如：

- 优化工具将函数描述为一个中央决策机构，其唯一目的是高效地协调城市能源服务网络；
- 案例分析中所用的一般天然气和电力网络，均在中等压力和中等电压层次上运行；
- 假设电力系统在平衡情况下运行，并以正序网络形式展示；
- 在潮流分析过程中，假设天然气温度恒定；
- 分布式技术的能源转换和存储效率是线性定常的；
- 系统分析的时间间隔为半小时，假设分析时段内所用的负载数据和现货价格均是已知的；
- 建模框架中并未涉及 PHEV 流动性的模拟，因此根据行驶调查数据对汽车的电池进行模拟——PHEV 的流动性问题已在后续的第 7 章单独阐述；
- 所有随时间变化的控制变量都是分段常数函数；
- 基础设施是并列的，意味着它们共享相同的节点位置和元素长度。

除了在绪论所述的主要贡献外，本书提出的建模框架还具有更加深远的意义，总结如下：

- 将不同的能源系统综合到一个框架中：本书展示的是一个新颖而全面的方法，可用于模拟能量流动、转化和存储。本书的工作有助于明确天然气和电力网络在城市环境中所扮演的角色。因此，本书通过研究智能电网情境下相关公用事业所关注的运行问题，实现了基础设施之间的相关性分析。
- 在过程系统软件中运用能流算法：目前能源系统模拟工具还无法处理相关联的各网络和分布式能源的复杂性。本项研究提出了一种全新的建模方法，从而能够分析多时段能源系统优化能流问题。这些模型的一个关键贡献在于将网络能流的概念转移到过程模拟环境中。此外，gPROMS™ 软件在成功实现“时变城市能源基础设施与分布式发电的模拟”中扮演着不可或缺的角色。
- 认识和量化最优的 PHEV 充电模式：尽管大部分的 PHEV 充电发生在夜间和凌晨，不同运营策略下的充电模式差异显著。基于利益相关者的优先级，这些有价值的输出数据，即各时间间隔发生在各节点的能量注入，使得公用事业有机会研究并采纳最利于当地网络的充电模式。此外，对于能源系统模拟者来说，模拟结果的粒度水平也有了一定的提高。
- 评估分布式能源技术对运行网络的参数的可能影响：本书的案例研究展示了新型分布式能源技术（如微型热电联产和 PHEV）为未来能源系统的能量输送所带来的提高。这种灵活的小规模供能组合具有强大的协同作用，如果协调得当，将有利于减少系统的总成本和损耗。随着能源组合间的相互关联日益紧密，传统上各自独立的行业也应寻求战略联合，以提高技术－经济效益。此外，如果运行得当，分布式能源的大规模应用对网络性能所产生的负面效应也是有限的。

• 投资决策指标的开发：节点边际电价指电网中特定节点上增加单位负载所产生的供电成本。因此，该电价为分布式能源的配置和调度提供了有用的经济信号，有助于提高基础设施的性能。利益相关者也可根据此类数据进行决策，知道在何处普及分布式能源技术获利最大。这一领域为 DNO 引入了电力系统的经济原则，未来依然任重道远。

• 基于日前现货市场价格来优化能源市场运行：最具前景的能流模式已经从“根据日前能源价格来调度分布式能源技术”的方案中获得。与当前状况的运营策略相比，优化解决方案意味着经济性效率可能会降低。随着分布式能源普及度的提高，其对能源网络的影响也在加大，因此最好使用低成本发电机组，缩减边际成本，从而降低电价。尽管如此，需要强调的是，这种方法的天然气需求量较高，会增加天然气的成本。

8.2 研究的受益者

本研究可使多方受益，包括：

• DNO：通过对负载变化和关键技术－经济变量的研究，使得 DNO 能够了解分布式能源装置对局部网络的影响。同时，DNO 可以通过模拟知道从微型热电联产和 PHEV 装置中可期的能量注入是多少。此外，研究也指明了当现有的“即插即忘”运行策略被调整以适应其他管理方法时 DNO 可能获得的潜在利益。

• 监管机构：总的来说，本研究为监管机构制定策略，通过分布式能源来促进低碳能源系统的发展提供了很多参考。通过了解 DNO 的关注点，监管机构可以从中获利，致力于将分布式技术整合到未来的能源网络中去。同时，通过利用 PHEV 和其他分布式能源，监管机构应当做出实现局部电网智能化的承诺。此外，也应适当采用经济刺激来促进 PHEV 弹性充电收费标准和微型热电联产的上网电价标准。

• 生产商：本研究的结果对热电联产装置生产商、PHEV 初创企业、电力系统软件开发商和通信公司有利，为其继续研发，建设更高效、智能的基础设施带来了动力，也进一步推动了分布式能源技术在配电网中的应用。

• 学术界：就未来能源服务网络这一领域，本书所提出的建模原理可为后续的研究学者提供参考。因此，TCOPF 程序为研究分布式能源和电网运营商之间的协调关系奠定了一个基础框架。特别地，第 7 章提出的 PHEV 的时空元素是能源系统领域的一项创新，具有很大的研究价值。

• 社会：在能源领域向退集中化发展的环境下，公众事业和监管机构的商业模式将受到影响。消费者也将体会到分布式能源给日常生活所带来的不同程度的影响，改变他们的消费行为或他们所消费能源的来源。更进一步说，分布式能源技术的普及也通过改变电力收费标准和可能的碳减排来影响消费者，从而转化为社会效益。

8.3　未来的研究方向

通过对几个小型案例的模型框架进行测试，TCOPF 程序的潜力得以确定。但进一步完善模型工具，可以从模拟未来能源网络中获得更多的启示。完善模型框架有助于实现更加深入的研究，以及与之相关的一系列研究领域的发展。因此，带有嵌入式技术的综合能源基础设施模拟的未来工作重点主要有以下几个方面：

- 改善输入数据：由于数据的局限性，本项工作采用了几个假设。因而，该网络模型只是实际基础设施的简化表达；由于是在中等电压和压力下对能流进行的模拟，其结果粒度不高。深层次的原因是较难获得准确的负载数据和网络的拓扑结构，从而不能对能源系统进行更加综合的分析。该领域的研究重点是针对不同的消费群体开发可靠的热能（即热水、供暖）和电力负载模拟曲线。类似地，还需要建立更详尽的 PHEV 能源需求曲线。

- 将不确定性引入数据参数：框架提出采用一个确定的综合能源系统模型，即 TCOPF 程序求解并提供优化解决方案。然而，为了增加复杂性使得模拟条件更贴近实际，TCOPF 求解器应当有能力处理不精确的数据（如负载需求、现货能源价格、可用分布式能源）。因此，这一举措有助于发展随机优化模型，为关键变量提供概率数据。

- 实施附加的分布式能源模拟特征：本书通过线性效率展示了嵌入式技术的运行。然而，在执行分布式能源技术时加入非线性效率，将会极大地丰富对这种设备所遵循的调度模式的描述。因此，对于分布式能源的运营，贴近实际的描述可以提高其分析的粒度。此外，这些举措可能会对未来能源系统中的经济效率有一定的鉴别作用。

- 基于 agent 的 PHEV 模型：通过假设 PHEV 只能在它们的所有者所居住的节点处充放电，第 6 章中的模拟方案得到了极大的简化。然而，对于 DNO 来说，要将 PHEV 负载纳入电网，现行汇总模型描述的 PHEV 能源需求数据是远远不够的。正如第 7 章所述，确定用户的流动性行为以及他们的行动如何在能源网络的各处转化为能源需求，将是一个具有吸引力的新领域。因此，可以得出，采用基于 agent 的模型是解决交通和能源领域的连接问题最可行的方法。

- 分布式能源技术的需求响应服务：尽管本书针对降低能源服务网络的峰值需求提出了一些调度模式，仍需开展大量的工作来解决技术问题（如动态现象）以及分布式能源技术提供附加服务的政策问题（V2G 服务的价值）。换句话说，应当激励 PHEV 及其他分布式发电装置将其可用能量汇总，就像当前的电厂一样，快速响应电网的需求，加强供电。

- 扩展模型以解决更大范围的问题：本书所提出的模型具有很强的灵活性，可适用于能源利益相关者关注的其他领域。根据优先级，模拟工具支持扩展并覆盖和评估不同系统间的相关性。可能涉及的方面有：

  - 环境：本书所做的分析并未评估分布式能源装置的温室气体排放为城市环境带来的影响。因此，下一步研究自然要解决这个问题。对此，需要模拟不同的燃料结构并计算发电相关的碳排放量。将为城市供能的不同燃料结构（有充足的间歇性可再生能源）的排放量汇总，用以判定低碳发电期间分布式能源（如 PHEV 的充电）的最优运行状态。

  - 能源市场相互作用：TCOPF 程序下一步应着重解决能源服务网络内的最优能流和边际成本的相互作用问题。在能源现货市场价格（如季节变化导致的价格波动）的背景下，所建立的模型应对多个变量进行模拟，以探究嵌入式技术所提供的实时的负载控制策略。正如本书所述，以减少能源现货价格成本为目的的运营，可为未来能源系统带来最佳的经济效率。

  - 模拟附加基础设施和分布式能源技术：本书所述的能源系统模型可以通过其他关键基础设施得到补充，如水网、供暖网络。通过包含这些基础设施，能够为城市如何处理能源提供一个全局的视角，从而鉴别其中相互依存的关系，如量化将水供给消费者所需的能量。进一步说，在学术界，这些基础设施的模型应当重点突出电网和天然气网惊人的相似之处。类似地，将其他嵌入式技术纳入模型，如太阳能发电和热泵技术，能够为能源供应带来更大的灵活性。相应地，这种灵活性可为城市能源系统的优化提供更多的解决方案，从而为利益相关者提供有价值的管理策略。

附　　录

附录 A　城市群数据

表 A. 1 和表 A. 2 所示为 1950 ~ 2015 年间，人口规模超过 500 万的城市群。由此可知，到 21 世纪末，人口规模超过 500 万的城市将主要分布在发展中国家。

表 A. 1　1950 年人口规模不少于 500 万的城市

排名	城市地区	人口/百万
1	纽约	12. 3
2	伦敦	8. 7
3	东京	6. 9
4	巴黎	5. 4
5	莫斯科	5. 3
6	上海	5. 3
7	北莱茵 - 鲁尔区	5. 3
8	布宜诺斯艾利斯	5. 0

注：数据来源于联合国人口署，2001 全球城市化发展报告。

表 A. 2　2015 年人口规模不少于 500 万的城市

排名	城市地区	人口/百万
1	东京	27. 2
2	达卡	22. 8
3	孟买	22. 6
4	圣保罗	21. 2
5	德里	20. 9
6	墨西哥	20. 4
7	纽约	17. 9
8	雅加达	17. 3
9	加尔各答	16. 7
10	卡拉奇	16. 2
11	拉各斯	16. 0

（续）

排名	城市地区	人口/百万
12	洛杉矶	14.5
13	上海	13.6
14	布宜诺斯艾利斯	13.2
15	马尼拉大都会	12.6
16	北京	11.7
17	里约热内卢	11.5
18	开罗	11.5
19	伊斯坦布尔	11.4
20	大阪	11.0
21	天津	10.3
22	首尔	9.9
23	金沙萨	9.9
24	巴黎	9.9
25	曼谷	9.8
26	利马	9.4
27	波哥大	9.0
28	拉合尔	8.7
29	班加罗尔	8.4
30	德黑兰	8.2
31	莫斯科	8.1
32	马德拉斯	8.1
33	香港	8.0
34	武汉	7.8
35	伦敦	7.6

注：数据来源于联合国人口署，2001 全球城市化发展报告。

附录 B　英国的能流分析

本书将能流分析普遍应用于一次能源输入、转换和能源的最终消耗等场景。图 B.1 所示为英国在 2011 年的国家能源使用情况。对于不同的城市能源系统，此类分析将成为和调查、监测和数据挖掘比肩的常用方法。

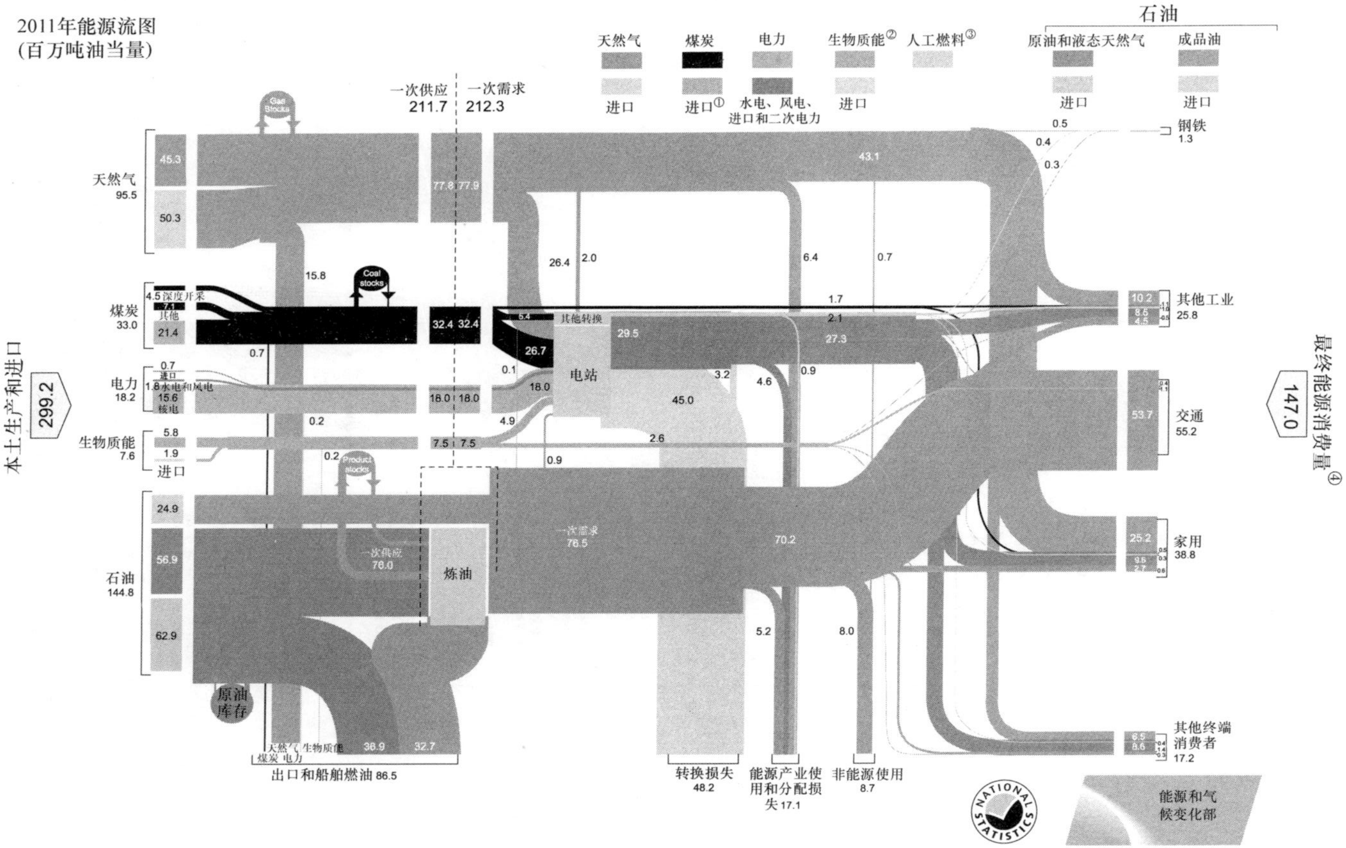

图 B.1　2011 年英国能源流图（DECC 授权使用）（来源：英国能源和气候变化部，2011 年英国能源流图）

注：图 B.1 是利用 2012 年英国能源统计摘要中的表 1.1 而成的。

① 煤炭进口包括制造燃料进口，2011 年为 30 万吨油当量。

② 生物质能是由源自植物或动物物质（称为生物质）的生物材料制成的可再生能源。

③ 包括售热。

④ 包括非能源使用量。

附录 C　电力负载潮流代码

```
Section 1 - Model
PARAMETER

t AS INTEGER #Time
Le0 AS ARRAY(t) OF REAL #Nodal loads
Le1 AS ARRAY(t) OF REAL
Le2 AS ARRAY(t) OF REAL
Le3 AS ARRAY(t) OF REAL
Le4 AS ARRAY(t) OF REAL
Le5 AS ARRAY(t) OF REAL
Le6 AS ARRAY(t) OF REAL
Le7 AS ARRAY(t) OF REAL
V0 as real # Nodal voltages
V1 as real
V2 as real
V3 as real
V4 as real
V5 as real
V6 as real
V7 as real
G as real #Conductance
B as real #Susceptance

VARIABLE

PGe AS ARRAY(t) OF Notype #Slack generation

Pe01 AS ARRAY(t) OF Notype #Flow in lines
Pe10 AS ARRAY(t) OF Notype
Pe12 AS ARRAY(t) OF Notype
Pe21 AS ARRAY(t) OF Notype
Pe23 AS ARRAY(t) OF Notype
Pe32 AS ARRAY(t) OF Notype
Pe34 AS ARRAY(t) OF Notype
Pe43 AS ARRAY(t) OF Notype
Pe25 AS ARRAY(t) OF Notype
Pe52 AS ARRAY(t) OF Notype
Pe36 AS ARRAY(t) OF Notype
Pe63 AS ARRAY(t) OF Notype
Pe47 AS ARRAY(t) OF Notype
Pe74 AS ARRAY(t) OF Notype

Ang0 AS ARRAY(t) OF Notype #Angles - theta
Ang1 AS ARRAY(t) OF Notype
Ang2 AS ARRAY(t) OF Notype
Ang3 AS ARRAY(t) OF Notype
Ang4 AS ARRAY(t) OF Notype
Ang5 AS ARRAY(t) OF Notype
Ang6 AS ARRAY(t) OF Notype
Ang7 AS ARRAY(t) OF Notype

PLe01 AS ARRAY(t) OF Notype #Power loss per line
PLe12 AS ARRAY(t) OF Notype
PLe23 AS ARRAY(t) OF Notype
PLe34 AS ARRAY(t) OF Notype
PLe25 AS ARRAY(t) OF Notype
PLe36 AS ARRAY(t) OF Notype
PLe47 AS ARRAY(t) OF Notype

tao AS ARRAY(t) OF Notype
Tap AS ARRAY(t) OF Notype
PeLoss AS ARRAY(t) OF Notype
PeLossEq AS ARRAY(t) OF Notype
NoTapUse AS ARRAY(t) OF Notype
```

图 C.1　电力负载潮流代码示例——第一部分

```
TapNotUsed as Notype
PeLossTotalEq as Notype
TapTotal as Notype
PeLossTotal as Notype
SlackeTotal as Notype
DNOepctLoss as Notype

EQUATION

FOR i:=1 TO t DO

#Calculate power flows
Pe01(i)=((V0^2)*(Tap(i)^2)*G)-(V0*V1*Tap(i)*G*cos(Ang0(i)-Ang1(i)+tao(i)))-(V0*V1*Tap(i)*B*sin(Ang0(i)-Ang1(i)+tao(i))); #tap
Pe10(i)=((V1^2)*G)-(V1*V0*Tap(i)*G*cos(Ang1(i)-Ang0(i)-tao(i)))-(V1*V0*Tap(i)*B*sin(Ang1(i)-Ang0(i)-tao(i))); #tap

Pe12(i)=((V1^2)*G)-(V1*V2*G*cos(Ang1(i)-Ang2(i)))-(V1*V2*B*sin(Ang1(i)-Ang2(i)));
Pe21(i)=((V2^2)*G)-(V2*V1*G*cos(Ang2(i)-Ang1(i)))-(V2*V1*B*sin(Ang2(i)-Ang1(i)));

Pe23(i)=((V2^2)*G)-(V2*V3*G*cos(Ang2(i)-Ang3(i)))-(V2*V3*B*sin(Ang2(i)-Ang3(i)));
Pe32(i)=((V3^2)*G)-(V3*V2*G*cos(Ang3(i)-Ang2(i)))-(V3*V2*B*sin(Ang3(i)-Ang2(i)));

Pe34(i)=((V3^2)*G)-(V3*V4*G*cos(Ang3(i)-Ang4(i)))-(V3*V4*B*sin(Ang3(i)-Ang4(i)));
Pe43(i)=((V4^2)*G)-(V4*V3*G*cos(Ang4(i)-Ang3(i)))-(V4*V3*B*sin(Ang4(i)-Ang3(i)));

Pe25(i)=((V2^2)*G)-(V2*V5*G*cos(Ang2(i)-Ang5(i)))-(V2*V5*B*sin(Ang2(i)-Ang5(i)));
Pe52(i)=((V5^2)*G)-(V5*V2*G*cos(Ang5(i)-Ang2(i)))-(V5*V2*B*sin(Ang5(i)-Ang2(i)));

Pe36(i)=((V3^2)*G)-(V3*V6*G*cos(Ang3(i)-Ang6(i)))-(V3*V6*B*sin(Ang3(i)-Ang6(i)));
Pe63(i)=((V6^2)*G)-(V6*V3*G*cos(Ang6(i)-Ang3(i)))-(V6*V3*B*sin(Ang6(i)-Ang3(i)));

Pe47(i)=((V4^2)*G)-(V4*V7*G*cos(Ang4(i)-Ang7(i)))-(V4*V7*B*sin(Ang4(i)-Ang7(i)));
Pe74(i)=((V7^2)*G)-(V7*V4*G*cos(Ang7(i)-Ang4(i)))-(V7*V4*B*sin(Ang7(i)-Ang4(i)));

#Line losses
PLe01(i)=G*(((V0^2)*(Tap(i)^2))+(V1^2)-(2*V0*V1*Tap(i)*cos(Ang0(i)-Ang1(i)+tao(i)))); # Calculate power losses
PLe12(i)=G*((V1^2)+(V2^2)-(2*V1*V2*cos(Ang1(i)-Ang2(i))));
PLe23(i)=G*((V2^2)+(V3^2)-(2*V2*V3*cos(Ang2(i)-Ang3(i))));
PLe34(i)=G*((V3^2)+(V4^2)-(2*V3*V4*cos(Ang3(i)-Ang4(i))));
PLe25(i)=G*((V2^2)+(V5^2)-(2*V2*V5*cos(Ang2(i)-Ang5(i))));
PLe36(i)=G*((V3^2)+(V6^2)-(2*V3*V6*cos(Ang3(i)-Ang6(i))));
PLe47(i)=G*((V4^2)+(V7^2)-(2*V4*V7*cos(Ang4(i)-Ang7(i))));

#Summation of losses
PeLoss(i)=PLe01(i)+PLe12(i)+PLe23(i)+PLe34(i)+PLe25(i)+PLe36(i)+PLe47(i);

#Balance of nodal equations
Pe01(i)+Le0(i)-PGe(i)=0;
Pe12(i)+Pe10(i)+Le1(i)=0;
Pe23(i)+Pe25(i)+Pe21(i)+Le2(i)=0;
Pe34(i)+Pe36(i)+Pe32(i)+Le3(i)=0;
Pe47(i)+Pe43(i)+Le4(i)=0;
Pe52(i)+Le5(i)=0;
Pe63(i)+Le6(i)=0;
Pe74(i)+Le7(i)=0;
PeLossEq(i)=PGe(i)-Le0(i)-Le1(i)-Le2(i)-Le3(i)-Le4(i)-Le5(i)-Le6(i)-Le7(i);


IF Tap(i) > 1 THEN
NoTapUse(i)=Tap(i)-1;
ELSE
NoTapUse(i)=1-Tap(i);
END

END

TapNotUsed=sigma(NoTapUse);
TapTotal=sigma(Tap); #Tap usage
PeLossTotal=sigma(PeLoss);
PeLossTotalEq=sigma(PeLossEq); #Power losses
SlackeTotal=sigma(PGe); #
DNOepctLoss=100*(PeLossTotal/SlackeTotal); #Network losses in percentage
```

图 C.2　电力负载潮流代码示例——第二部分

```
Section 2 – Processes

UNIT

power1 as powpf

SET

power1.t:=24; #Time intervals

# Load profiles
power1.Le0:=[0.0,0.0,0.0,0.0,0.0,0.0,0.0,0.0,0.0,0.0,0.0,0.0,0.0,0.0,0.0,0.0,0.0,0.0,0.0,0.0,0.0,0.0,0.0,0.0]; #0 customers
power1.Le1:=[0.168,0.174,0.180,0.198,0.240,0.270,0.300,0.414,0.396,0.360,0.300,0.330,0.360,0.366,0.384,0.402,0.540,0.600,0.564,0.534,0.504,0.450,0.372,0.270]
; #400 customers
power1.Le2:=[0.168,0.174,0.180,0.198,0.240,0.270,0.300,0.414,0.396,0.360,0.300,0.330,0.360,0.366,0.384,0.402,0.540,0.600,0.564,0.534,0.504,0.450,0.372,0.270]
; #400 customers
power1.Le3:=[0.168,0.174,0.180,0.198,0.240,0.270,0.300,0.414,0.396,0.360,0.300,0.330,0.360,0.366,0.384,0.402,0.540,0.600,0.564,0.534,0.504,0.450,0.372,0.270]
; #400 customers
power1.Le4:=[0.168,0.174,0.180,0.198,0.240,0.270,0.300,0.414,0.396,0.360,0.300,0.330,0.360,0.366,0.384,0.402,0.540,0.600,0.564,0.534,0.504,0.450,0.372,0.270]
; #400 customers
power1.Le5:=[0.126,0.1305,0.135,0.1485,0.180,0.2025,0.225,0.3105,0.297,0.270,0.225,0.2475,0.270,0.2745,0.288,0.3015,0.405,0.450,0.423,0.4005,0.378,0.3375,0.
279,0.2025]; #300 customers
power1.Le6:=[0.126,0.1305,0.135,0.1485,0.180,0.2025,0.225,0.3105,0.297,0.270,0.225,0.2475,0.270,0.2745,0.288,0.3015,0.405,0.450,0.423,0.4005,0.378,0.3375,0.
279,0.2025]; #300 customers
power1.Le7:=[0.126,0.1305,0.135,0.1485,0.180,0.2025,0.225,0.3105,0.297,0.270,0.225,0.2475,0.270,0.2745,0.288,0.3015,0.405,0.450,0.423,0.4005,0.378,0.3375,0.
279,0.2025]; #300 customers

#Voltage profiles
power1.V0:=1;
power1.V1:=1;
power1.V2:=1;
power1.V3:=1;
power1.V4:=1;
power1.V5:=1;
power1.V6:=1;
power1.V7:=1;

#Line features
power1.G:=1600;
power1.B:=-400;
#the greater the G >> B ratio the more losses

ASSIGN

#Complex angle profiles and initial tap values
power1.Ang0:=[0,0,0,0,0,0,0,0,0,0,0,0,0,0,0,0,0,0,0,0,0,0,0,0];
power1.tao:=[0,0,0,0,0,0,0,0,0,0,0,0,0,0,0,0,0,0,0,0,0,0,0,0];
power1.Tap:=[1,1,1,1,1,1,1,1,1,1,1,1,1,1,1,1,1,1,1,1,1,1,1,1];
```

图 C.3　电力负载潮流代码示例——第三部分

附录 D　天然气负载潮流代码

```
Section 1 - Model
PARAMETER

t AS INTEGER #Time
LG0 AS ARRAY(t) OF REAL #Nodal loads
LG1 AS ARRAY(t) OF REAL
LG2 AS ARRAY(t) OF REAL
LG3 AS ARRAY(t) OF REAL
LG4 AS ARRAY(t) OF REAL
LG5 AS ARRAY(t) OF REAL
LG6 AS ARRAY(t) OF REAL
LG7 AS ARRAY(t) OF REAL
K AS REAL #Friction factor
Kcom AS REAL #Compressor coefficient

VARIABLE

PGg AS ARRAY(t) OF Notype #Slack generation

Pg01 AS ARRAY(t) OF Notype #Flow in lines
#S01 AS ARRAY(t) OF Notype
Pg12 AS ARRAY(t) OF Notype
#S12 AS ARRAY(t) OF Notype
Pg23 AS ARRAY(t) OF Notype
#S23 AS ARRAY(t) OF Notype
Pg34 AS ARRAY(t) OF Notype
#S34 AS ARRAY(t) OF Notype
Pg25 AS ARRAY(t) OF Notype
#S25 AS ARRAY(t) OF Notype
Pg36 AS ARRAY(t) OF Notype
#S36 AS ARRAY(t) OF Notype
Pg47 AS ARRAY(t) OF Notype
#S47 AS ARRAY(t) OF Notype

PR0 AS ARRAY(t) OF Notype #Pressure at nodes
PR1a AS ARRAY(t) OF Notype
PR1c AS ARRAY(t) OF Notype
PR2 AS ARRAY(t) OF Notype
PR3 AS ARRAY(t) OF Notype
PR4 AS ARRAY(t) OF Notype
PR5 AS ARRAY(t) OF Notype
PR6 AS ARRAY(t) OF Notype
PR7 AS ARRAY(t) OF Notype

PLg01 AS ARRAY(t) OF Notype #Power loss per line
PLg12 AS ARRAY(t) OF Notype
PLg23 AS ARRAY(t) OF Notype
PLg34 AS ARRAY(t) OF Notype
PLg25 AS ARRAY(t) OF Notype
PLg36 AS ARRAY(t) OF Notype
PLg47 AS ARRAY(t) OF Notype

PgLoss AS ARRAY(t) OF Notype
Slackg AS ARRAY(t) OF Notype
r AS ARRAY(t) OF Notype
Pcom AS ARRAY(t) OF Notype
PcomTotal as Notype
PgLossTotal as Notype
SlackgTotal as Notype
DNOgpctLoss as Notype
```

图 D.1　天然气负载潮流代码示例——第一部分

```
EQUATION

FOR i:=1 TO t DO

#Calculate power flows
Pg01(i)^2=K^2*(PR0(i)^2-PR1a(i)^2);
Pg12(i)^2=K^2*(PR1c(i)^2-PR2(i)^2);
Pg23(i)^2=K^2*(PR2(i)^2-PR3(i)^2);
Pg34(i)^2=K^2*(PR3(i)^2-PR4(i)^2);
Pg25(i)^2=K^2*(PR2(i)^2-PR5(i)^2);
Pg36(i)^2=K^2*(PR3(i)^2-PR6(i)^2);
Pg47(i)^2=K^2*(PR4(i)^2-PR7(i)^2);

#Line losses
PLg01(i)=Pg01(i)*(PR0(i)-PR1a(i));
PLg12(i)=Pg12(i)*(PR1c(i)-PR2(i));
PLg23(i)=Pg23(i)*(PR2(i)-PR3(i));
PLg34(i)=Pg34(i)*(PR3(i)-PR4(i));
PLg25(i)=Pg25(i)*(PR2(i)-PR5(i));
PLg36(i)=Pg36(i)*(PR3(i)-PR6(i));
PLg47(i)=Pg47(i)*(PR4(i)-PR7(i));

Pcom(i)=Kcom*Pg12(i)*(PR1c(i)-PR1a(i)); #Calculate compressor use
PR1c(i)-(r(i)*PR1a(i))=0; #Compressor equation

#Balance of nodal equations
Pg01(i)+LG0(i)-PGg(i)=0;
Pcom(i)+Pg12(i)+LG1(i)-Pg01(i)=0;
Pg23(i)+Pg25(i)+LG2(i)-Pg12(i)=0;
Pg34(i)+Pg36(i)+LG3(i)-Pg23(i)=0;
Pg47(i)+LG4(i)-Pg34(i)=0;
LG5(i)-Pg25(i)=0;
LG6(i)-Pg36(i)=0;
LG7(i)-Pg47(i)=0;

Slackg(i)=PGg(i)+PLg01(i)+PLg12(i)+PLg23(i)+PLg34(i)+PLg25(i)+PLg36(i)+PLg47(i); #Calculate Slackg power
PgLoss(i)=PLg01(i)+PLg12(i)+PLg23(i)+PLg34(i)+PLg25(i)+PLg36(i)+PLg47(i); #Calculate losses in the gas system

END

PcomTotal=sigma(Pcom); #Compressor usage
PgLossTotal=sigma(PgLoss); #Power losses
SlackgTotal=sigma(Slackg);
DNOgpctLoss=100*(PgLossTotal/SlackgTotal); #Network losses in percentage
```

图 D.2 天然气负载潮流代码示例——第二部分

```
Section 2 – Processes
UNIT

gas1 as gaspf

SET

gas1.t:=24; #Time intervals

#Load profiles
gas1.LG0:=[0.0,0.0,0.0,0.0,0.0,0.0,0.0,0.0,0.0,0.0,0.0,0.0,0.0,0.0,0.0,0.0,0.0,0.0,0.0,0.0,0.0,0.0,0.0,0.0]; #0 customers
gas1.LG1:=[0.2640,0.1800,0.1600,0.2600,0.3800,0.8000,2.4400,3.3800,2.5200,1.8400,1.2000,1.0800,1.2400,0.7600,0.9600,2.0400,2.8800,3.3600,3.0400,2.7200,2.5
200,2.0400,1.1200,0.4000]; #400 customers
gas1.LG2:=[0.2640,0.1800,0.1600,0.2600,0.3800,0.8000,2.4400,3.3800,2.5200,1.8400,1.2000,1.0800,1.2400,0.7600,0.9600,2.0400,2.8800,3.3600,3.0400,2.7200,2.5
200,2.0400,1.1200,0.4000]; #400 customers
gas1.LG3:=[0.2640,0.1800,0.1600,0.2600,0.3800,0.8000,2.4400,3.3800,2.5200,1.8400,1.2000,1.0800,1.2400,0.7600,0.9600,2.0400,2.8800,3.3600,3.0400,2.7200,2.5
200,2.0400,1.1200,0.4000]; #400 customers
gas1.LG4:=[0.2640,0.1800,0.1600,0.2600,0.3800,0.8000,2.4400,3.3800,2.5200,1.8400,1.2000,1.0800,1.2400,0.7600,0.9600,2.0400,2.8800,3.3600,3.0400,2.7200,2.5
200,2.0400,1.1200,0.4000]; #400 customers
gas1.LG5:=[0.1980,0.1350,0.1200,0.1950,0.2850,0.6000,1.8300,2.5350,1.8900,1.3800,0.9000,0.8100,0.9300,0.5700,0.7200,1.5300,2.1600,2.5200,2.2800,2.0400,1.8
900,1.5300,0.8400,0.3000]; #300 customers
gas1.LG6:=[0.1980,0.1350,0.1200,0.1950,0.2850,0.6000,1.8300,2.5350,1.8900,1.3800,0.9000,0.8100,0.9300,0.5700,0.7200,1.5300,2.1600,2.5200,2.2800,2.0400,1.8
900,1.5300,0.8400,0.3000]; #300 customers
gas1.LG7:=[0.1980,0.1350,0.1200,0.1950,0.2850,0.6000,1.8300,2.5350,1.8900,1.3800,0.9000,0.8100,0.9300,0.5700,0.7200,1.5300,2.1600,2.5200,2.2800,2.0400,1.8
900,1.5300,0.8400,0.3000]; #300 customers

#Line features
gas1.K:=50;
gas1.Kcom:=0.1;

ASSIGN

#Initial pressure values
gas1.PR0:=[1,1,1,1,1,1,1,1,1,1,1,1,1,1,1,1,1,1,1,1,1,1,1,1];
gas1.r:=[1,1,1,1,1,1,1,1,1,1,1,1,1,1,1,1,1,1,1,1,1,1,1,1];
```

图 D.3　天然气负载潮流代码示例——第三部分

附录 E　有载分接开关偏导数

有载分接开关（OLTC）的相关计算涉及大量的偏导数，可由以下的一般形式推导而来[243, 244]。

以式（4.8）为参考，OLTC 元件从节点 k 到节点 m 有功功率的增量表达式为

$$\begin{aligned}\Delta P_{km} = & \frac{\partial P_{km}}{\partial \theta_k}\Delta\theta_k + \frac{\partial P_{km}}{\partial \theta_m}\Delta\theta_m + \frac{\partial P_{km}}{\partial \tau}\Delta\tau \\ & + \frac{\partial P_{km}}{\partial |V_k|}\Delta |V_k| + \frac{\partial P_{km}}{\partial |V_m|}\Delta |V_m| + \frac{\partial P_{km}}{\partial |t|}\Delta |t|\end{aligned} \tag{E.1}$$

将式（4.9）作为基础方程，OLTC 元件从节点 k 到节点 m 无功功率的增量表达式为

$$\begin{aligned}\Delta Q_{km} = & \frac{\partial Q_{km}}{\partial \theta_k}\Delta\theta_k + \frac{\partial Q_{km}}{\partial \theta_m}\Delta\theta_m + \frac{\partial Q_{km}}{\partial \tau}\Delta\tau \\ & + \frac{\partial Q_{km}}{\partial |V_k|}\Delta |V_k| + \frac{\partial Q_{km}}{\partial |V_m|}\Delta |V_m| + \frac{\partial Q_{km}}{\partial |t|}\Delta |t|\end{aligned} \tag{E.2}$$

以式（4.13）为参考，OLTC 元件从节点 m 到节点 k 有功功率的增量表达式为

$$\Delta P_{mk}=\frac{\partial P_{mk}}{\partial\theta_m}\Delta\theta_m+\frac{\partial P_{mk}}{\partial\theta_k}\Delta\theta_k+\frac{\partial P_{mk}}{\partial\tau}\Delta\tau+\frac{\partial P_{mk}}{\partial|V_m|}\Delta|V_m|+\frac{\partial P_{mk}}{\partial|V_k|}\Delta|V_k|+\frac{\partial P_{mk}}{\partial|t|}\Delta|t| \tag{E. 3}$$

将式（4.14）作为基础方程，OLTC 元件从节点 m 到节点 k 无功功率的增量表达式为

$$\Delta Q_{mk}=\frac{\partial Q_{mk}}{\partial\theta_m}\Delta\theta_m+\frac{\partial Q_{mk}}{\partial\theta_k}\Delta\theta_k+\frac{\partial Q_{mk}}{\partial\tau}\Delta\tau+\frac{\partial Q_{mk}}{\partial|V_m|}\Delta|V_m|+\frac{\partial Q_{mk}}{\partial|V_k|}\Delta|V_k|+\frac{\partial Q_{mk}}{\partial|t|}\Delta|t| \tag{E. 4}$$

综合式（E.1）~式（E.4），可由式（E.5）推导出二阶导数。

$$\begin{bmatrix} \theta_k^2 & \theta_k\theta_m & \theta_k\tau & \theta_k|V_k| & \theta_k|V_m| & \theta_k|t| \\ \theta_m\theta_k & \theta_m^2 & \theta_m\tau & \theta_m|V_k| & \theta_m|V_m| & \theta_m|t| \\ \tau\theta_k & \tau\theta_m & \tau^2 & \tau|V_k| & \tau|V_m| & \tau|t| \\ |V_k|\theta_k & |V_k|\theta_m & |V_k|\tau & |V_k|^2 & |V_k||V_m| & |V_k||t| \\ |V_m|\theta_k & |V_m|\theta_m & |V_m|\tau & |V_m||V_k| & |V_m|^2 & |V_m||t| \\ |t|\theta_k & |t|\theta_m & |t|\tau & |t||V_k| & |t||V_m| & |t^2| \end{bmatrix} \tag{E. 5}$$

附录 F　标幺值

为了简化负载流量的计算，本书采用标幺值来表示系统中的其他量。该方法已广泛应用于电力行业，本书将其拓展用于天然气管网。标幺值表示各物理量和参数的相对值，用标幺值后，系统的元件参数比较接近，易于进行计算和对结果进行分析比较。因此，标幺值的转换需要了解物理量的基值，详见参考文献［245］。

F.1　单相供电网络

假设基准值为视在功率和电压，则

$$S_{\text{base}}=1\,\text{pu} \tag{F. 1}$$

$$V_{\text{base}}=1\,\text{pu} \tag{F. 2}$$

在此基础上可推导得出其他物理量的标幺值

$$I_{\text{base}}=\frac{S_{\text{base}}}{V_{\text{base}}}=1\,\text{pu} \tag{F. 3}$$

$$Z_{\text{base}}=\frac{V_{\text{base}}}{I_{\text{base}}}=\frac{V_{\text{base}}^2}{I_{\text{base}}V_{\text{base}}}=\frac{V_{\text{base}}^2}{S_{\text{base}}}=1\,\text{pu} \tag{F. 4}$$

$$Y_{\text{base}} = \frac{1}{Z_{\text{base}}} = 1\text{pu} \tag{F.5}$$

F.2 天然气网络

假设基准值为功率和压力，则

$$G_{\text{base}} = 1\text{pu} \tag{F.6}$$

$$p_{\text{base}} = 1\text{pu} \tag{F.7}$$

在此基础上可推导得出其他物理量的标幺值

$$F_{\text{base}} = \frac{G_{\text{base}}}{p_{\text{base}}} = 1\text{pu} \tag{F.8}$$

$$K_{\text{base}} = \frac{p_{\text{base}}}{F_{\text{base}}} = 1\text{pu} \tag{F.9}$$

附录 G　KKT 最优化条件

由于时序最优潮流模型中凸约束优化问题的非线性特征，需要运用卡罗需－库恩－塔克（KKT）条件来求解最优值。KKT 最优化条件是对拉格朗日乘子法的一种泛化，可表示为[121]

$$L(x,\lambda) = \boldsymbol{f}(x) + \lambda_1 \boldsymbol{g}(x) + \lambda_2 \boldsymbol{h}(x) \tag{G.1}$$

式中，$\boldsymbol{f}(x)$ 为标量目标函数；$\boldsymbol{g}(x)$ 为等式约束；$\boldsymbol{h}(x)$ 为不等式约束；λ_1 为等式约束系数；λ_2 为不等式约束系数。

注意：$\boldsymbol{g}(x)$、$\boldsymbol{h}(x)$、λ_1、λ_2 都是向量。

此时，若要求解上述优化问题，必须满足下述 KKT 条件：

$$\frac{\partial L}{\partial x} = 0 \tag{G.2}$$

$$\boldsymbol{g}(x) = 0 \tag{G.3}$$

$$\boldsymbol{h}(x) \leqslant 0 \tag{G.4}$$

$$\lambda_2 \boldsymbol{h}(x) = 0 \tag{G.5}$$

$$\lambda_2 \geqslant 0 \tag{G.6}$$

一旦满足上述约束条件，就可以得到原变量的边际效应等相关信息。

附录 H　牛顿迭代法

牛顿迭代法是著名的一维及多维的迭代算法，作用是使用迭代的方法来求解函数方程的根，被广泛用于最优潮流的计算[181]。

例如，将牛顿迭代法与下述线性方程结合，可求解拉格朗日函数方程：

$$\boldsymbol{W}\Delta \boldsymbol{z} = -\boldsymbol{y} \tag{H.1}$$

式中，$\boldsymbol{W}$ 为拉格朗日函数 L 的二阶偏导数矩阵；$\Delta \boldsymbol{z}$ 为修正项；$\boldsymbol{y}$ 为梯度向量。

以拉格朗日乘子法构造非线性方程，用牛顿迭代法寻求非线性方程的最优解。

$$x^{m+1} = x^{m} + \Delta \boldsymbol{z} \tag{H.2}$$

利用迭代算法解决问题，需注意以下几点：

- 所有的功率失配在允许的误差范围内；
- 满足不等式约束；
- 梯度向量为0；
- 一旦违反约束，目标函数值可能会进一步减小。

参考文献

[1] Sam. UN Says 7 Billion Now Share the World Roberts. *New York Times*, 31st Oct. 2011. URL http://www.nytimes.com/2011/11/01/world/united-nations-reports-7-billion-humans-but-others-dont-count-on-it.html.

[2] *World Urbanization Prospects: The 2001 Revision*. United Nations Population Division, 2001.

[3] United Nations Populations Division. Population estimates and projections, Oct. 2011. URL http://esa.un.org/wpp/unpp/panel_population.htm.

[4] *World Urbanization Prospects: The 2007 Revision Population Database*. United Nations Population Division, 2008.

[5] Helen. The Guardian Pidd. India blackouts leave 700 million without power, 31st Jul. 2012. URL http://www.guardian.co.uk/world/2012/jul/31/india-blackout-electricity-power-cuts?intcmp=239.

[6] *World Energy Outlook*. IEA, 2008.

[7] *State of World Population 2007: Unleashing the Potential of Urban Growth*. United Nations Population Fund, 2007.

[8] IEA. International energy agency statistics, Mar. 2010. URL http://www.iea.org/stats/index.asp.

[9] Imperial College London. Urban energy systems project, Oct. 2006. URL http://www3.imperial.ac.uk/urbanenergysystems.

[10] Merriam-Webster. *Merriam-Webster's Collegiate Dictionary*. Merriam-Webster, 10th edition, 1998.

[11] S.M. Rinaldi, J.P. Peerenboom, and T.K. Kelly. Identifying, understanding, and analyzing critical infrastructure interdependencies. *Control Systems Magazine, IEEE*, 21(6):11–25, Dec. 2001.

[12] J. Keirstead and N. Shah. *Urban Energy System: An Integrated Approach*. Routledge, 2013.

[13] K. Shimada, K. Gomi, and Y. Matsuoka. A low-carbon scenario creation method for a local-scale economy and its application in kyoto city. *Energy Policy*, 38(9):4783–4796, 2010.

[14] *World Energy Outlook*. ICLEI, 1996.

[15] Z. Li. Natural gas for generation: a solution or a problem? *Power and Energy Magazine, IEEE*, 3(4):16–21, Jul.–Aug. 2005.

[16] D.S. Kirschen and G. Strbac. *Fundamentals of Power System Economics*. Wiley, 2004. ISBN 0470845724.

[17] *BP Statistical Review of World Energy*. British Petroleum, 2009.

[18] H.L. Willis. *Power Distribution Planning Reference Book*. CRC, 2nd edition, 2004. ISBN 0824748751.

[19] J. Fan and S. Borlase. The evolution of distribution. *Power and Energy Magazine, IEEE*, 7(2):63–68, Mar.–Apr. 2009.

[20] *Climate Change 2007: Mitigation*. Intergovernmental Panel on Climate Change, 2007.

[21] N. Jenkins, R. Allan, P. Crossley, D.S. Kirschen, and G. Strbac. *Embedded Generation*. The Institution of Engineering and Technology, 2000. ISBN 0852967748.

[22] Renewable Heat Incentive Ltd. Renewable heat incentive – tariff level tables, Oct. 2011. URL http://www.rhincentive.co.uk/eligible/levels/.
[23] G. Chicco and P. Mancarella. Distributed multi-generation: A comprehensive view. *Renewable and Sustainable Energy Reviews*, 13(3):535–551, 2009.
[24] *Using Distributed Energy Resources*. U.S. Department of Energy, 2002.
[25] *Assessment of the Size and Composition of the UK Gas Appliance Population*. Department of Trade and Industry, 2005.
[26] T.H. Bradley and A.A. Frank. Design, demonstrations and sustainability impact assessments for plug-in hybrid electric vehicles. *Renewable and Sustainable Energy Reviews*, 13(1):115–128, 2009.
[27] *Bottling Electricity: Storage as a Strategic Tool for Managing Variability and Capacity Concerns in the Modern Grid*. Electricity Advisory Committee, 2008.
[28] M.V. Engel. Gas and electric integrated planning. In *Power Engineering Society Summer Meeting, 2000. IEEE*, volume 3, pages 1507–1509, 2000.
[29] G.W. Ault and J.R. McDonald. Planning for distributed generation within distribution networks in restructured electricity markets. *Power Engineering Review, IEEE*, 20(2):52–54, Feb. 2000.
[30] C.W. Gellings. *The Smart-Grid: Enabling Energy Efficiency and Demand Response*. CRC Press, 2009. ISBN 1439815747.
[31] *National Action Plan for Energy Efficiency – Coordination of Energy Efficiency and Demand Response*. Lawrence Berkeley National Laboratory, USA, 2010.
[32] *Benefits of Demand Response in Electricity Markets*. U.S. Department of Energy, 2006.
[33] H. Lund and W. Kempton. Integration of renewable energy into the transport and electricity sectors through v2g. *Energy Policy*, 36(9):3578–3587, 2008.
[34] *Energy Technology Perspectives 2012*. International Energy Agency, 2012.
[35] *Critical Foundations: Protecting America's Infrastructures*. Presidents Commission on Critical Infrastructure Protection, 1997.
[36] J. Skea, M. Chaudry, and X. Wang. The role of gas infrastructure in promoting UK energy security. *Energy Policy*, 43:202–213, 2012.
[37] R.G. Little. Toward more robust infrastructure: observations on improving the resilience and reliability of critical systems. In *System Sciences, 2003. Proceedings of the 36th Annual Hawaii International Conference on*, pages 1–9, Jan. 2003.
[38] S.M. Rinaldi. Modeling and simulating critical infrastructures and their interdependencies. In *System Sciences, 2004. Proceedings of the 37th Annual Hawaii International Conference on*, pages 1–8, Jan. 2004.
[39] S. Egger. Determining a sustainable city model. *Environmental Modelling and Software*, 21(9):1235–1246, 2006.
[40] H. Kirkham, D. Nightingale, and T. Koerner. Energy management system design with dispersed storage and generation. *Power Apparatus and Systems, IEEE Transactions on*, PAS-100(7):3432–3441, Jul. 1981.
[41] R.C. Dugan, S.A. Thomas, and D.T. Rizy. Integrating dispersed storage and

generation (dsg) with an automated distribution system. *Power Apparatus and Systems, IEEE Transactions on*, PAS-103(6):1142–1146, Jun. 1984.

[42] S. Jebaraj and S. Iniyan. A review of energy models. *Renewable and Sustainable Energy Reviews*, 10(4):281–311, 2006.

[43] R.B. Hiremath, S. Shikha, and N.H. Ravindranath. Decentralized energy planning; modeling and application-a review. *Renewable and Sustainable Energy Reviews*, 11(5):729–752, 2007.

[44] T. Ackermann, G. Andersson, and L. Soder. Distributed generation: A definition. *Electric Power Systems Research*, 57(3):195–204, 2001.

[45] G. Pepermans, J. Driesen, D. Haeseldonckx, R. Belmans, and W. D'haeseleer. Distributed generation: Definition, benefits and issues. *Energy Policy*, 33(6):787–798, 2005.

[46] K. Alanne and A. Saari. Distributed energy generation and sustainable development. *Renewable and Sustainable Energy Reviews*, 10(6):539–558, 2006.

[47] P.F. Ribeiro, B.K. Johnson, M.L. Crow, A. Arsoy, and Y. Liu. Energy storage systems for advanced power applications. *Proceedings of the IEEE*, 89(12):1744–1756, Dec. 2001.

[48] W. Clark and W. Isherwood. Distributed generation: Remote power systems with advanced storage technologies. *Energy Policy*, 32(14):1573–1589, 2004.

[49] D.S. Kirschen. Demand-side view of electricity markets. *Power Systems, IEEE Transactions on*, 18(2):520–527, May 2003.

[50] S. Valero, M. Ortiz, C. Senabre, C. Alvarez, F.J.G. Franco, and A. Gabaldon. Methods for customer and demand response policies selection in new electricity markets. *Generation, Transmission and Distribution, IET*, 1(1):104–110, Jan. 2007.

[51] O. Sezgen, C.A. Goldman, and P. Krishnarao. Option value of electricity demand response. *Energy*, 32(2):108–119, 2007.

[52] A. Brooks, E. Lu, D. Reicher, C. Spirakis, and B. Weihl. Demand dispatch. *Power and Energy Magazine, IEEE*, 8(3):20–29, May–Jun. 2010.

[53] A. Farazmand. *Privatization or Public Enterprise Reform?: International Case Studies with Implications for Public Management*. Greenwood Press, 2000. ISBN 0313306311.

[54] P.G. Taylor. *Electricity privatisation and economic efficiency in electricity supply*. Phd thesis, Imperial College London, UK, 1995.

[55] S. Butler. *UK electricity networks*. Msc thesis, Imperial College London, UK, 2001.

[56] S. Hecq, Y. Bouffioulx, P. Doulliez, and P. Saintes. The integrated planning of the natural gas and electricity systems under market conditions. In *Power Tech Proceedings, 2001 IEEE Porto*, volume 1, pages 1–5, 2001.

[57] A. Singhal, J.P. Muratet, R. Marshall, and D. D'Hoop. Optimization studies and long term plan for the upgrading of ageing city distribution networks. In *Power System Technology, 2004. PowerCon 2004. International Conference*

on, volume 2, pages 1522–1527, Nov. 2004.

[58] D. Toke and A. Fragaki. Do liberalised electricity markets help or hinder chp and district heating? The case of the UK. *Energy Policy*, 36(4):1448–1456, 2008.

[59] H.L. Willis and W.G. Scott. *Distributed Power Generation: Planning and Evaluation*. Marcel Dekker Inc., 2000. ISBN 0824703367.

[60] T. Ackermann. Distributed resources and re-regulated electricity markets. *Electric Power Systems Research*, 77(9):1148–1159, 2007.

[61] P.K. Narayan, R. Smyth, and A. Prasad. Electricity consumption in G7 countries: A panel cointegration analysis of residential demand elasticities. *Energy Policy*, 35(9):4485–4494, 2007.

[62] M. Geidl and G. Andersson. A modeling and optimization approach for multiple energy carrier power flow. In *Power Tech, 2005 IEEE Russia*, pages 1–7, Jun. 2005.

[63] R.C. Dugan, T.S. Key, and G.J. Ball. Distributed resources standards. *Industry Applications Magazine, IEEE*, 12(1):27–34, Jan.–Feb. 2006.

[64] J.E. Allison and J. Lents. Encouraging distributed generation of power that improves air quality: Can we have our cake and eat it too? *Energy Policy*, 30(9):737–752, 2002.

[65] F. Gull. Small distributed generation versus centralised supply: A social cost-benefit analysis in the residential and service sectors. *Energy Policy*, 34(7):804–832, 2006.

[66] M. Shahidehpour, Y. Fu, and T. Wiedman. Impact of natural gas infrastructure on electric power systems. *Proceedings of the IEEE*, 93(5):1042–1056, May 2005.

[67] M. Asif and T. Muneer. Energy supply, its demand and security issues for developed and emerging economies. *Renewable and Sustainable Energy Reviews*, 11(7):1388–1413, 2007.

[68] H.A. Gil and G. Joos. On the quantification of the network capacity deferral value of distributed generation. *Power Systems, IEEE Transactions on*, 21(4):1592–1599, Nov. 2006.

[69] J.M. Carrasco, L.G. Franquelo, J.T. Bialasiewicz, E. Galvan, R.C.P. Guisado, Ma.A.M. Prats, J.I. Leon, and N. Moreno-Alfonso. Power-electronic systems for the grid integration of renewable energy sources: A survey. *Industrial Electronics, IEEE Transactions on*, 53(4):1002–1016, Jun. 2006.

[70] M. Prodanovic, K. De Brabandere, J. Van Den Keybus, T. Green, and J. Driesen. Harmonic and reactive power compensation as ancillary services in inverter-based distributed generation. *Generation, Transmission and Distribution, IET*, 1(3):432–438, May 2007.

[71] G.V. Welch, M. Engel, and Jr. Adams, H.W. Acquiring energy resources in a competitive market. *Power and Energy Magazine, IEEE*, 1(3):36–42, May–Jun. 2003.

[72] K.H. van Dam, M. Houwing, Z. Lukszo, and I. Bouwmans. Agent-based control of distributed electricity generation with micro combined heat and power–cross-sectoral learning for process and infrastructure engineers. *Computers and Chemical Engineering*, 32(1–2):205–217, 2008.

[73] A. Nagurney and D. Matsypura. A supply chain network perspective for electric power generation, supply, transmission, and consumption. Technical report, University of Massachusetts, May 2004.

[74] A. Ipakchi and F. Albuyeh. Grid of the future. *Power and Energy Magazine, IEEE*, 7(2):52–62, Mar.–Apr. 2009.

[75] D. Coll-Mayor, M. Paget, and E. Lightner. Future intelligent power grids: Analysis of the vision in the european union and the united states. *Energy Policy*, 35(4):2453–2465, 2007.

[76] M. Pehnt, M. Cames, C. Fischer, B. Praetorius, L. Schneider, and K. Schumacher. *Micro-cogeneration: Towards Decentralized Energy Systems*. Springer, 2005. ISBN 3540255826.

[77] J.A. Pecas Lopes, N. Hatziargyriou, J. Mutale, P. Djapic, and N. Jenkins. Integrating distributed generation into electric power systems: A review of drivers, challenges and opportunities. *Electric Power Systems Research*, 77(9):1189–1203, 2007. Distributed Generation.

[78] A.M. Borbely and editor J.F. Kreider. *Distributed Generation: The Power Paradigm for the New Millennium*. CRC, 1st edition, 2001. ISBN 0849300746.

[79] F. Meunier. Co- and tri-generation contribution to climate change control. *Applied Thermal Engineering*, 22(6):703–718, 2002.

[80] National Statistics Publication. *UK Energy in Brief 2007*. Department for Business Enterprise and Regulatory Reform, 2007.

[81] National Statistics Publication. *UK Energy in Brief 2009*. Department of Energy and Climate Change, 2009.

[82] E. Cardona and A. Piacentino. Cogeneration: A regulatory framework toward growth. *Energy Policy*, 33(16):2100–2111, 2005.

[83] Residential cogeneration systems: Review of the current technology. *Renewable and Sustainable Energy Reviews*, 10(5):389–431, 2006.

[84] J.H. Horlock. *Cogeneration – Combined Heat and Power: Thermodynamics and Economics*. Krieger Publishing Company, 1st edition, 1996. ISBN 0894649280.

[85] *Micro-CHP Accelerator*. The Carbon Trust, 2007.

[86] H.I. Onovwiona, V.I. Ugursal, and A.S. Fung. Modeling of internal combustion engine based cogeneration systems for residential applications. *Applied Thermal Engineering*, 27(5–6):848–861, 2007.

[87] I. Dincer. *Thermal Energy Storage: Systems and Applications*. Wiley, 1st edition, 2002. ISBN 0471495735.

[88] A.D. Hawkes and M.A. Leach. Cost-effective operating strategy for residential micro-combined heat and power. *Energy*, 32(5):711–723, 2007.

[89] A.D. Peacock and M. Newborough. Impact of micro-combined heat-and-power systems on energy flows in the uk electricity supply industry. *Energy*,

31(12):1804–1818, 2006.

[90] Y. Zhu and K. Tomsovic. Optimal distribution power flow for systems with distributed energy resources. *International Journal of Electrical Power and Energy Systems*, 29(3):260–267, 2007.

[91] H. Lund and A.N. Andersen. Optimal designs of small chp plants in a market with fluctuating electricity prices. *Energy Conversion and Management*, 46(6):893–904, 2005.

[92] G. Streckiene, V. Martinaitis, A.N. Andersen, and J. Katz. Feasibility of chp-plants with thermal stores in the german spot market. *Applied Energy*, 86(11):2308–2316, 2009.

[93] G. Chicco and P. Mancarella. Matrix modelling of small-scale trigeneration systems and application to operational optimization. *Energy*, 34(3):261–273, 2009.

[94] D. Melovic. *Optimal distribution network design policy*. Phd thesis, University of Manchester Institute of Science and Technology, UK, 2005.

[95] *System Integration of Additional Micro-generation (SIAM)*. Department of Trade and Industry, 2004.

[96] N. Silva and G. Strbac. Optimal design policy and strategic investment in distribution networks with distributed generation. In *Electricity Distribution, 2009. CIRED 2009. The 20th International Conference and Exhibition on*, pages 1–4, Jun. 2009.

[97] G. Sebastien. *Optimal investment in distribution systems operating in a competitive environment*. Phd thesis, University of Manchester Institute of Science and Technology, UK, 2005.

[98] Manchester Centre for Electrical Energy. *Integration of Operation of Embedded Generation and Distribution Networks*. University of Manchester Institute of Science and Technology, 2002.

[99] N. Silva. *Alternative design strategies of distribution systems*. Phd thesis, Imperial College London, UK, 2009.

[100] M. Thomson and D.G. Infield. Network power-flow analysis for a high penetration of distributed generation. *Power Systems, IEEE Transactions on*, 22(3):1157–1162, Aug. 2007.

[101] G.P. Harrison and A.R. Wallace. Optimal power flow evaluation of distribution network capacity for the connection of distributed generation. *Generation, Transmission and Distribution, IEE Proceedings*, 152(1):115–122, Jan. 2005.

[102] W. Kempton and J. Tomic. Vehicle-to-grid power fundamentals: Calculating capacity and net revenue. *Journal of Power Sources*, 144(1):268–279, 2005.

[103] K. Clement, E. Haesen, and J. Driesen. Coordinated charging of multiple plug-in hybrid electric vehicles in residential distribution grids. In *Power*

Systems Conference and Exposition, 2009. PSCE '09. IEEE/PES, pages 1–7, Mar. 2009.

[104] Bureau of Transportation Statistics. *Highlights of the 2001 National Household Travel Survey*. U.S. Department of Transportation, 2001.

[105] J. Gonder, T. Markel, A. Simpson, and M. Thornton. Using GPS travel data to assess the real world driving energy use of plug-in hybrid electric vehicles. In *the Transportation Research Board, 86th Annual Meeting*, 2007.

[106] M. Kintner-Meyer, K. Schneider, and R. Pratt. *Impacts Assessment of Plug-in Hybrid Vehicles on Electric Utilities and Regional U.S. Power Grids*. U.S. Department of Energy, 2007.

[107] Arup and Cenex. *Investigation into the Scope for the Transport Sector to Switch to Electric Vehicles and Plugin Hybrid Vehicles*. Department for Business Enterprise and Regulatory Reform, 2008.

[108] Element Energy. *Strategies for the Uptake of Electric Vehicles and Associated Infrastructure Implications*. The Committee on Climate Change, 2009.

[109] *A Study on the Costs and Benefits of Hybrid Electric and Battery Electric Vehicles in Ireland*. Sustainable Energy Ireland, 2007.

[110] *Plug-in Hybrid Electric Vehicle Charging Infrastructure Review*. U.S. Department of Energy, 2008.

[111] R. Webster. Can the electricity distribution network cope with an influx of electric vehicles? *Journal of Power Sources*, 80(1–2):217–225, 1999.

[112] *Potential Impacts of Plug-in Hybrid Electric Vehicles on Regional Power Generation*. U.S. Department of Energy, 2008.

[113] S.W. Hadley. *Impact of Plug-in Hybrid Vehicles on the Electric Grid*. U.S. Department of Energy, 2006.

[114] S. Letendre and R.A. Watts. *Effects of Plug-In Hybrid Electric Vehicles on the Vermont Electric Transmission System*. U.S. Department of Energy, 2007.

[115] S. Meliopoulos, J. Meisel, G. Cokkinides, and T. Overbye. *Power System Level Impacts of Plug-In Hybrid Vehicles*. Power Systems Engineering Research Center, 2009.

[116] P. Denholm, K. Parks, and T. Markel. *Costs and Emissions Associated with Plug-In Hybrid Electric Vehicle Charging in the Xcel Energy Colorado Service Territory*. National Renewable Energy Laboratory, 2007.

[117] Nissan. Leaf - press pack, Aug. 2012. URL http://www.nissanpress.co.uk/leaf/html/press-pack.htm.

[118] W. Kempton, J. Tomic, S. Letendre, A. Brooks, and T. Lipman. Vehicle-to-grid power: Battery, hybrid, and fuel cell vehicles as resources for distributed electric power in california. Institute of transportation studies, working paper series, Institute of Transportation Studies, UC Davis, Jun. 2001.

[119] T. Markel and A. Simpson. Plug-in hybrid electric vehicle energy storage system design. In *the Advanced Automotive Battery Conference*, 2006.

[120] S.E. Letendre and W. Kempton. The v2g concept: A new model for power? *Public Utilities Fortnightly*, 21(6):16–26, Dec. 2002.

[121] A.J. Wood and B.F. Wollenberg. *Power Generation, Operation, and Control*. Wiley-Interscience, 2nd edition, 1996. ISBN 0471586994.

[122] W. Kempton and J. Tomic. Vehicle-to-grid power implementation: From stabilizing the grid to supporting large-scale renewable energy. *Journal of Power Sources*, 144(1):280–294, 2005.

[123] J. Tomic and W. Kempton. Using fleets of electric-drive vehicles for grid support. *Journal of Power Sources*, 168(2):459–468, 2007.

[124] W. Kempton and S.E. Letendre. Electric vehicles as a new power source for electric utilities. *Transportation Research Part D: Transport and Environment*, 2(3):157–175, 1997.

[125] H. Turton and F. Moura. Vehicle-to-grid systems for sustainable development: An integrated energy analysis. *Technological Forecasting and Social Change*, 75(8):1091–1108, 2008.

[126] A.N. Brooks. Vehicle-to-grid demonstration project: Grid regulation ancillary service with a battery electric vehicle. Technical report, California Air Resources Board, Dec. 2002.

[127] W. Kempton *et al.* A test of vehicle-to-grid (v2g) for energy storage and frequency regulation in the pjm system. Institute of transportation studies, working paper series, University of Delaware, Pepco Holdings Inc., PJM Interconnect, Green Mountain College, Nov. 2008.

[128] M.D. Galus and G. Andersson. Demand management of grid connected plug-in hybrid electric vehicles (phev). In *Energy 2030 Conference, 2008. ENERGY 2008. IEEE*, pages 1–8, Nov. 2008.

[129] M. Geidl and G. Andersson. Optimal power flow of multiple energy carriers. *Power Systems, IEEE Transactions on*, 22(1):145–155, Feb. 2007.

[130] P. Denholm and W. Short. An evaluation of utility system impacts and benefits of optimally dispatched plug-in hybrid electric vehicles. Technical report, California Air Resources Board, Oct. 2006.

[131] M.A. Basulto and J.A. Perrellai. Influences of thermal and electric load fluctuations in the cogeneration attractiveness. *Applied Thermal Engineering*, 26(14–15):1500–1505, 2006.

[132] D. Pudjianto, C. Ramsay, and G. Strbac. Virtual power plant and system integration of distributed energy resources. *Renewable Power Generation, IET*, 1(1):10–16, Mar. 2007.

[133] N. Hatziargyriou, H. Asano, R. Iravani, and C. Marnay. Microgrids. *Power and Energy Magazine, IEEE*, 5(4):78–94, Jul.–Aug. 2007.

[134] S. Awerbuch and A. Preston. *Fundamentals of Power System Economics*. Springer, 1997. ISBN 0792399021.

[135] A. Dauensteiner. European virtual fuel cell power plant. Technical report, European Commission, May 2005.

[136] E. Thorin, H. Brand, and C. Weber. Long-term optimization of cogeneration systems in a competitive market environment. *Applied Energy*, 81(2):152–169, 2005.

[137] T. Ackermann. Distributed resources and re-regulated electricity markets. *Electric Power Systems Research*, 77(9):1148–1159, 2007.

[138] CERTS. *Integration of Distributed Energy Resources: The CERTS MicroGrid Concept*. California Energy Commission, 2003.

[139] F. Katiraei and M.R. Iravani. Power management strategies for a microgrid with multiple distributed generation units. *Power Systems, IEEE Transactions on*, 21(4):1821–1831, Nov. 2006.

[140] B. Kroposki, R. Lasseter, T. Ise, S. Morozumi, S. Papatlianassiou, and N. Hatziargyriou. Making microgrids work. *Power and Energy Magazine, IEEE*, 6(3):40–53, May–Jun. 2008.

[141] F. Katiraei, R. Iravani, N. Hatziargyriou, and A. Dimeas. Microgrids management. *Power and Energy Magazine, IEEE*, 6(3):54–65, May–Jun. 2008.

[142] C.A. Hernandez-Aramburo, T.C. Green, and N. Mugniot. Fuel consumption minimization of a microgrid. *Industry Applications, IEEE Transactions on*, 41(3):673–681, May–Jun. 2005.

[143] A.G. Tsikalakis and N.D. Hatziargyriou. Centralized control for optimizing microgrids operation. *Energy Conversion, IEEE Transactions on*, 23(1):241–248, Mar. 2008.

[144] Y. Zoka, A. Sugimoto, N. Yorino, K. Kawahara, and J. Kubokawa. An economic evaluation for an autonomous independent network of distributed energy resources. *Electric Power Systems Research*, 77(7):831–838, 2007.

[145] E.M. Gil, A.M. Quelhas, J.D. McCalley, and T.D. Voorhis. Modeling integrated energy transportation networks for analysis of economic efficiency and network interdependencies. In *Proceedings of the 2003 NAPS Conference, University of Missouri, Rolla, MO.*, pages 1–8, Oct. 2003.

[146] A.M. Quelhas, E. Gil, J.D. McCalley, and S.M. Ryan. A multiperiod generalized network flow model of the U.S. integrated energy system: Part I: Model description. *Power Systems, IEEE Transactions on*, 22(2):829–836, May 2007.

[147] R.K. Ahuja, T.L. Magnanti, and J.B. Orlin. *Network Flows: Theory, Algorithms, and Applications*. Prentice Hall, 1993. ISBN 013617549X.

[148] A.M. Quelhas, E. Gil, and J.D. McCalley. Nodal prices in an integrated energy system. *International Journal of Critical Infrastructures*, 2(1):50–69, 2006.

[149] A.M. Quelhas. *Economic efficiencies of the energy flows from the primary resource suppliers to the electric load centers*. Phd thesis, Iowa State University, USA, 2006.

[150] A. Quelhas and J.D. McCalley. A multiperiod generalized network flow model of the u.s. integrated energy system: Part II: Simulation results. *Power Systems, IEEE Transactions on*, 22(2):837–844, May 2007.

[151] B.H. Bakken, A.Haugstad, K.S. Hornnes, S. Vist, B. Gustavsen, and J. Roynstrand. Simulation and optimization of systems with multiple energy carriers. In *Conference of the Scandinavian Simulation Society*, pages 1–10, Oct. 1999.

[152] P. Favre-Perrod. A vision of future energy networks. In *Power Engineering Society Inaugural Conference and Exposition in Africa, 2005 IEEE*, pages 13–17, Jul. 2005.

[153] K. Hemmes, J.L. Zachariah-Wolf, M. Geidl, and G. Andersson. Towards multi-source multi-product energy systems. *International Journal of Hydrogen Energy*, 32(10–11):1332–1338, 2007.

[154] M.D. Galus and G. Andersson. Integration of plug-in hybrid electric vehicles into energy networks. In *PowerTech, 2009 IEEE Bucharest*, pages 1–8, Jul. 2009.

[155] M.D. Galus and G. Andersson. Power system considerations of plug-in hybrid electric vehicles based on a multi energy carrier model. In *Power and Energy Society General Meeting, 2009. PES '09. IEEE*, pages 1–8, Jul. 2009.

[156] M. Geidl. *Integrated modeling and optimization of multi-carrier energy systems*. Phd thesis, ETH Zurich, Switzerland, 2007.

[157] EDF Energy, Sep. 2012. URL http://www.edfenergy.com.

[158] E.ON, Aug. 2012. URL http://www.eonenergy.com.

[159] EDP-Energias de Portugal, Jan. 2010. URL http://www.edp.pt.

[160] Iberdrola, Jan. 2010. URL http://www.iberdrola.es.

[161] D.M. Newberry. *Privatization, Restructuring, and Regulation of Network Utilities: The Walras-Pareto lectures*. MIT Press, 2001. ISBN 0262640481.

[162] M.S. Morais and J.W. Marangon Lima. Combined natural gas and electricity network pricing. *Electric Power Systems Research*, 77(5–6):712–719, 2007.

[163] L.A. Barroso, B. Flach, R. Kelman, B. Bezerra, S. Binato, J.M. Bressane, and M.V. Pereira. Integrated gas-electricity adequacy planning in brazil: Technical and economical aspects. In *Power Engineering Society General Meeting, 2005. IEEE*, volume 2, pages 1977–1982, Jun. 2005.

[164] G. Arroyo and M. Madrigal. Growing interactions between mexican gas markets and electricity system planning. In *Power Engineering Society General Meeting, 2005. IEEE*, pages 781–783, Jun. 2005.

[165] S. Hecq, Y. Bouffioulx, P. Doulliez, and P. Saintes. The integrated planning of the natural gas and electricity systems under market conditions. In *Power Tech Proceedings, 2001 IEEE Porto*, volume 1, page 5, 2001.

[166] J. Munoz, N. Jimenez-Redondo, J. Perez-Ruiz, and J. Barquin. Natural gas network modeling for power systems reliability studies. In *Power Tech Conference Proceedings, 2003 IEEE Bologna*, volume 4, page 8, Jun. 2003.

[167] A. Helseth and A.T. Holen. Reliability modeling of gas and electric power distribution systems; similarities and differences. In *Probabilistic Methods Applied to Power Systems, 2006. PMAPS 2006. International Conference on*, pages 1–5, June 2006.

[168] S. An, Q. Li, and T.W. Gedra. Natural gas and electricity optimal power flow. In *Transmission and Distribution Conference and Exposition, 2003 IEEE PES*, volume 1, pages 138–143, Sept. 2003.

[169] C. Unsihuay, J.W.M. Lima, and A.C.Z. de Souza. Modeling the integrated natural gas and electricity optimal power flow. In *Power Engineering Society General Meeting, 2007. IEEE*, pages 1–7, June 2007.

[170] M. Chaudry, N. Jenkins, and G. Strbac. Multi-time period combined gas and electricity network optimisation. *Electric Power Systems Research*, 78(7):1265–1279, 2008.

[171] A.J. Osiadacz. *Simulation and Analysis of Gas Networks*. Spon Press, 1987. ISBN 0419124802.

[172] H. Saadat. *Power Systems Analysis*. McGraw-Hill, 2nd edition, 2002. ISBN 0072848693.

[173] J. Grainger and W. Stevenson. *Power System Analysis*. McGraw-Hill, 1994. ISBN 0072848693.

[174] E.S. Menon. *Gas Pipeline Hydraulics*. McGraw-Hill, 2005. ISBN 0849327857.

[175] C. Segeler. *Gas Engineers Handbook*. Industrial Press, 1968. ISBN 0831130113.

[176] H.E. Brown. *Solution of Large Networks by Matrix Methods*. Wiley-Interscience, 1985. ISBN 0471800740.

[177] Westinghouse Electric Utility Engineers. *Distribution Systems – Electric Utility Engineering Reference Book*. Westinghouse Electric Corporation, 1965. ISBN B000AOKLCI.

[178] A. von Meier. *Electric Power Systems: A Conceptual Introduction*. Wiley-IEEE Press, 2006. ISBN B000PY456Q.

[179] The Stationery Office Limited. The electricity supply (amendment) (no. 2) regulations 1994. Technical report, Department of Trade and Industry, 1994.

[180] *Electricity Distribution Losses – A Consultation Document*. Ofgem, 2003.

[181] E. Acha, C.R. Fuerte-Esquivel, H. Ambriz-Perez, and C. Angeles-Camacho. *FACTS: Modelling and Simulation in Power Networks*. Wiley-Blackwell, 2004. ISBN 0470852712.

[182] C. Bayliss and B. Hardy. *Transmission and Distribution Electrical Engineering*. Newnes, 3rd edition, 2006. ISBN 0750666730.

[183] *On-Load Tap-Changers, Type UC Technical Guide*. ABB, 2012.

[184] National Grid. Gas industry standard – specification for steel welding pipe fittings, nominal size 15 mm to 450 mm inclusive, for operating pressures not greater than 7 bar. Technical report, National Grid Consortium, 2006.

[185] C. Mitchell, J. Sweet, and T. Jackson. A study of leakage from the uk natural gas distribution system. *Energy Policy*, 18(9):809–818, 1990.

[186] S. Acha and C. Hernandez-Aramburo. Integrated modelling of gas and electricity distribution networks with a high penetration of embedded generation. In *SmartGrids for Distribution, 2008. IET-CIRED. CIRED Seminar*, pages 1–4, Jun. 2008.

[187] BAXI. Baxi ecogen – free piston combined heat and power stirling engine, Mar. 2010. URL http://www.baxi.co.uk/baxiecogen.

[188] Department of Energy and Climate Change. Domestic gas and electricity prices in the EU and G7 countries, Mar. 2010. URL http://www.decc.gov.uk/en/content/cms/statistics/source/prices/prices.aspx.

[189] H.I. Onovwiona and V.I. Ugursal. Residential cogeneration systems: Review of the current technology. *Renewable and Sustainable Energy Reviews*, 10(5):389–431, 2006.

[190] M. Dentice d'Accadia, M. Sasso, S. Sibilio, and L. Vanoli. Micro-combined heat and power in residential and light commercial applications. *Applied Thermal Engineering*, 23(10):1247–1259, 2003.

[191] A. Hawkes and M. Leach. Impacts of temporal precision in optimisation modelling of micro-combined heat and power. *Energy*, 30(10):1759–1779, 2005.

[192] A.D. Peacock and M. Newborough. Controlling micro-chp systems to modulate electrical load profiles. *Energy*, 32(7):1093–1103, 2007.

[193] A.M. Kandari. Thermal stratification in hot storage-tanks. *Applied Energy*, 35(4):299–315, 1990.

[194] *Plug-in Hybrid Electric Vehicle Integrated Test Plan and Evaluation Program*. U.S. Department of Energy, 2007.

[195] T. Katrasnik. Analytical framework for analyzing the energy conversion efficiency of different hybrid electric vehicle topologies. *Energy Conversion and Management*, 50(8):1924–1938, 2009.

[196] D. Karner and J. Francfort. Hybrid and plug-in hybrid electric vehicle performance testing by the us department of energy advanced vehicle testing activity. *Journal of Power Sources*, 174(1):69–75, 2007.

[197] *Comparing the Benefits and Impacts of Hybrid Electric Vehicle Options*. EPRI, 2001.

[198] Chevrolet. Volt electric car model, Jan. 2010. URL http://www.chevrolet.com.

[199] Tesla Motors. Roadster and s models, Jan. 2010. URL http://www.teslamotors.com.

[200] Nissan. Leaf electric car model, Jan. 2010. URL http://www.nissanusa.com.

[201] Renault. Zero emission car models, Jan. 2010. URL http://www.renault-ze.com.

[202] F. Montemurro. *Impact of electric vehicles on the British electricity system*. Msc thesis, Imperial College London, UK, 2008.

[203] M. Ehsani, Y. Gao, and A. Emadi. *Modern Electric, Hybrid Electric, and Fuel Cell Vehicles: Fundamentals, Theory, and Design*. CRC Press, 2nd edition, 2009. ISBN 1420053981.

[204] A.F. Burke. Batteries and ultracapacitors for electric, hybrid, and fuel cell vehicles. *Proceedings of the IEEE*, 95(4):806–820, April 2007. ISSN 0018-9219. doi: 10.1109/JPROC.2007.892490.

[205] S. Amjad, S. Neelakrishnan, and R. Rudramoorthy. Review of design considerations and technological challenges for successful development and deployment of plug-in hybrid electric vehicles. *Renewable and Sustainable Energy Reviews*, 14(3):1104–1110, 2010.

[206] *Comparison of Batteries*. Aleees, 2009.

[207] U. Bossel. Well-to-wheel studies, heating values, and the energy conservation principle. In *European Fuel Cell Forum*, pages 1–5, Oct. 2003.

[208] *Electric Vehicles: Charged with potential*. The Royal Academy of Engineering, 2010.

[209] T. Green, S. Acha, and N. Shah. Impacts of plug-in hybrid electric vehicles and combined heat and power technologies on electric and gas distribution network losses. In *Conference on Sustainable Alternative Energy, 2009. IEEE-PES/IAS*, pages 1–7, Sep. 2009.

[210] B. Brigham and M. Waterson. Strategic change in the market for domestic electricity in the UK. Technical report, University of Warwick, Feb. 2003.

[211] V.L. Vickers, W.J. Hobbs, S. Vemuri, and D.L. Todd. Fuel resource scheduling with emission constraints. *Power Systems, IEEE Transactions on*, 9(3):1531–1538, Aug. 1994.

[212] S. Ruzic, A. Vuckovic, and N. Rajakovic. A flexible approach to short-term hydro-thermal coordination. II. Dual problem solution procedure. *Power Systems, IEEE Transactions on*, 11(3):1572 –1578, Aug. 1996.

[213] D.I. Sun, B. Ashley, B. Brewer, A. Hughes, and W.F. Tinney. Optimal power flow by Newton approach. *Power Apparatus and Systems, IEEE Transactions on*, PAS-103(10):2864 –2880, Oct. 1984.

[214] P.M. Pardalos and M.G.C. Resende. *Handbook of Applied Optimization*. Oxford University Press, 2002. ISBN 0195125940.

[215] Process Systems Enterprise Limited. Gproms optimisation guide, Oct. 2008. URL http://www.psenterprise.com.

[216] UK GDS. United kingdom generic distribution system, Mar. 2010. URL http://monaco.eee.strath.ac.uk/ukgds.

[217] Chi-Min Chu, Tai-Long Jong, and Yue-Wei Huang. A direct load control of air-conditioning loads with thermal comfort control. *Power Engineering Society General Meeting, 2005. IEEE*, 1:664–669, June 2005.

[218] Panasonic Corporation. Household fuel cell cogeneration system, Apr. 2010. URL http://panasonic.net/ha/e/FC/index.htm.

[219] Nissan. Zero emission leaf, Apr. 2010. URL http://www.nissan-zero emission.com/.

[220] *Transport Statistics Bulletin National Travel Survey 2006*. Department for Transport, 2006.

[221] European Climate Exchange. Cost of carbon dioxide emissions, May 2010. URL http://www.ecx.eu.

[222] *UK Renewable Energy Strategy – Consultation*. Department for Business Enterprise and Regulatory Reform, 2008.

[223] *Carbon Footprint of Electricity Generation*. Parliamentary Office of Science and Technology, 2006.

[224] S. Acha, K.H. van Dam, and N. Shah. Modelling spatial and temporal agent travel patterns for optimal charging of electric vehicles in low carbon networks. In *IEEE Power and Energy Society General Meeting*, San Diego, CA, 22–26 Jul. 2012.

[225] R.C. Green II, L. Wang, and M. Alam. The impact of plug-in hybrid electric vehicles on distribution networks: A review and outlook. *Renewable and Sustainable Energy Reviews*, 15(1):544–553, Jan. 2011. ISSN 1364-0321.

[226] R.J. Bessa and M.A. Matos. Economic and technical management of an aggregation agent for electric vehicles: A literature survey. *European Transactions on Electrical Power*, 22(3):334–350, Apr. 2011.

[227] S. Acha, K. Haziël van Dam, J. Keirstead, and N. Shah. Integrated modelling of agent-based electric vehicles into optimal power flow studies.

In *Proceedings of the 21st International Conference and Exhibition on Electricity Distribution (CIRED2011)*, Frankfurt, Germany, 6–9 Jul. 2011.

[228] K. Valentine, W.G. Temple, and K.M. Zhang. Intelligent electric vehicle charging: Rethinking the valley-fill. *Journal of Power Sources*, 196(24): 10717–10726, 15 Dec. 2011.

[229] M.D. Lukszo, Z. Verzijlbergh, and R.A. Ilic. The role of electric vehicles on a green island. In *North American Power Symposium (NAPS)*, pages 1–7, 4–6 Aug. 2011.

[230] E. Sortomme, M.M. Hindi, S.D.J. MacPherson, and S.S. Venkata. Coordinated charging of plug-in hybrid electric vehicles to minimize distribution system losses. *IEEE Transactions on Smart-Grid*, 2(1):198–205, Mar. 2011.

[231] J.E. Kang and W.W. Recker. An activity-based assessment of the potential impacts of plug-in hybrid electric vehicles on energy and emissions using 1-day travel data. *Transportation Research Part D: Transport and Environment*, 14(8):541–556, 2009.

[232] M. Galus, C. Dobler, M. Balmer, G. Andersson, and K. Axhausen. Plug-in hybrid electric vehicles and smart-grid: Investigations based on a micro-simulation. In *Conference of the International Association for Travel Behaviour Research, IABTR*, Jaipur, India, 2009.

[233] G.A. Matthias, D. Galus, and R.A. Waraich. Predictive, distributed, hierarchical charging control of phevs in the distribution system of a large urban area incorporating a multi agent transportation simulation. In *17th Power Systems Computation Conference*, Stockholm, Sweden, 2011.

[234] M.J. Eppstein, D.H. Grover, J.S. Marshall, and D.M Rizzo. An agent-based model to study market penetration of plug-in hybrid electric vehicles. *Energy Policy*, 39(6):3789–3802, 2011.

[235] T. Sweda and D. Klabjan. An agent-based decision support system for electric vehicle charging infrastructure deployment. In *2011 IEEE Vehicle Power and Propulsion Conference (VPPC)*, 6–9 Sep. 201.

[236] J.K. Kok, C.J. Warmer, and I.G. Kamphuis. Powermatcher: Multiagent control in the electricity infrastructure. In *Proceedings of the fourth international joint conference on Autonomous agents and multiagent systems (AAMAS '05)*, pages 75–82. ACM, 2005.

[237] F. Bliek, A. van den Noort, B. Roossien, R. Kamphuis, J. de Wit, J. van der Velde, and M. Eijgelaar. Powermatching city, a living lab smart-grid demonstration. In *Innovative Smart-Grid Technologies Conference Europe (ISGT Europe), 2010 IEEE PES*, 2010.

[238] P. Vytelingum, T. Voice, S. Ramchurn, A. Rogers, and N. Jennings. Theoretical and practical foundations of agent-based micro-storage in the smart-grid. *Journal of Artificial Intelligence Research*, 42:765–813, 2011.

[239] B.-M.S. Hodge, S. Huang, A. Shukla, J.F. Pekny, and G.V. Reklaitis. The effects of vehicle-to-grid systems on wind power integration in california. *Computer Aided Chemical Engineering*, 28:1039–1044, 2010.

[240] S. Vandael, K. De Craemer, N. Boucké, T. Holvoet, and G. Deconinck. Decentralized coordination of plug-in hybrid vehicles for imbalance reduction

in a smart-grid. In *Proceedings of the 10th International Conference on Autonomous Agents and Multiagent Systems (AAMAS 2011)*, pages 803–810, 2011.

[241] N. Malleson. RepastCity – a demo virtual city. URL http://code.google.com/p/repastcity, 2008.

[242] S. Acha, T.C. Green, and N. Shah. Optimal charging strategies of electric vehicles in the uk power market. In *Innovative Smart-Grid Technologies (ISGT) 2011 IEEE PES*, 17–19 Jan. 2011.

[243] W.F. Tinney and C.E. Hart. Power flow solution by newton's method. *Power Apparatus and Systems, IEEE Transactions on*, PAS-86(11):1449–1460, Nov. 1967.

[244] D.I. Sun, B. Ashley, B. Brewer, A. Hughes, and W.F. Tinney. Optimal power flow by newton approach. *Power Apparatus and Systems, IEEE Transactions on*, PAS-103(10):2864–2880, Oct. 1984.

[245] M.E. El-Hawary. *Electrical Power Systems: Design and Analysis*. Wiley-Blackwell, 1995. ISBN 078031140X.

图书在版编目（CIP）数据

能源服务网络中的分布式能源模拟/（英）萨尔瓦多·阿查（Salvador Acha）著；赵英汝等译．—北京：机械工业出版社，2017.7

（国际电气工程先进技术译丛）

书名原文：Modelling Distributed Energy Resources in Energy Service Networks

ISBN 978-7-111-57158-2

Ⅰ.①能…　Ⅱ.①萨…②赵…　Ⅲ.①能源管理系统　Ⅳ.①TK018

中国版本图书馆 CIP 数据核字（2017）第 145087 号

机械工业出版社（北京市百万庄大街 22 号　邮政编码 100037）

策划编辑：刘星宁　责任编辑：刘星宁

责任校对：潘　蕊　封面设计：马精明

责任印制：张　博

三河市国英印务有限公司印刷

2018 年 1 月第 1 版第 1 次印刷

169mm×239mm · 12.25 印张 · 223 千字

标准书号：ISBN 978-7-111-57158-2

定价：69.00 元

凡购本书，如有缺页、倒页、脱页，由本社发行部调换

电话服务	网络服务
服务咨询热线：010-88361066	机 工 官 网：www.cmpbook.com
读者购书热线：010-68326294	机 工 官 博：weibo.com/cmp1952
010-88379203	金 书 网：www.golden-book.com
封面无防伪标均为盗版	教育服务网：www.cmpedu.com